职业教育示范性规划教材

电机与电力拖动项目教程

主　编　李萍萍

副主编　姜振宇

参　编　曹　卓　李胜男　周纯玉

　　　　徐　敏　张　娜　潘钰旸

主　审　刘万琛

电子工业出版社·

Publishing House of Electronics Industry

北京·BEIJING

内 容 简 介

　　本书依据《国家职业标准——维修电工》要求编写。全书由概述和六个典型的项目组成，概述主要介绍了什么是电力拖动系统以及电力拖动系统的构成要素，项目一至项目六依次整合了低压电器、设计典型电气控制系统、绘制控制系统图、分析故障与检修线路等知识与技能，每个项目包括项目引入、信息收集、项目实施、项目评价、知识拓展五个环节，体现了"做中学，做中教"的教育理念。在项目实训的同时采取过程化考核，体现了以能力为本位的现代职业教育理念。

　　本书采用项目化的编写体例，适合作为中等职业学校机电类学生《电机与电力拖动》课程教材，也可供职业技能培训人员及相关从业人员参考。

未经许可，不得以任何方式复制或抄袭本书之部分或全部内容。

版权所有，侵权必究。

图书在版编目（CIP）数据

电机与电力拖动项目教程 / 李萍萍主编. —北京：电子工业出版社，2014.9
职业教育示范性规划教材

ISBN 978-7-121-23302-9

Ⅰ. ①电… Ⅱ. ①李… Ⅲ. ①电机－中等专业学校－教材②电力传动－中等专业学校－教材 Ⅳ. ①TM3②TM921

中国版本图书馆 CIP 数据核字（2014）第 107456 号

策划编辑：白　楠
责任编辑：郝黎明
印　　刷：北京虎彩文化传播有限公司
装　　订：北京虎彩文化传播有限公司
出版发行：电子工业出版社
　　　　　北京市海淀区万寿路 173 信箱　邮编　100036
开　本：787×1 092　1/16　印张：10.25　字数：262 千字
版　次：2014 年 9 月第 1 版
印　次：2024 年 9 月第 15 次印刷
定　价：25.00 元

前　言

在现代的工业控制系统中，力矩控制和速度控制有着大量的应用，其控制系统主要采用的是电机与电力拖动控制。对于中等职业学校电气运行与控制、机电技术应用等相关专业，电机及拖动基础课程的学习，主要是使学生了解电机的基本运行特性及电力拖动的基本常识与控制思想，以便采用相应的控制手段对电机运行进行有效的控制。

电机与电力拖动是中等职业学校机电类专业的主要课程。通过本课程的学习，使学生掌握三相异步电动机的基本结构、工作原理，常用低压电器的相关知识，以及典型的电气控制系统设计思想；学会常用电工工具的使用方法、电气线路连接方法和基本故障的检修方法，具备一定的电气控制系统设计能力和检修能力，加深对安全操作规范和相关工艺标准的认识，同时养成良好的职业素养和职业意识。

本教材采用项目化模式编写，以三相异步电动机基本知识为铺垫。在此基础上，以工业控制中典型电气控制实例为载体，以完成具体的项目任务为主线，将低压电器相关知识、典型电气控制系统的设计方法、控制系统图的绘制方法、故障分析与线路检修方法融入到各个工作任务中，体现了"做中学，做中教"的教育理念，在项目实训的同时采取过程化考核，体现了以能力为本位的现代职业教育理念。

本教材由李萍萍老师主编，姜振宇老师副主编，刘万琛老师主审。李萍萍老师编写了概述和项目三小车自动往返控制系统，并完成全书统稿；姜振宇老师编写了项目一三相异步电动机拆装与维护；曹卓和张娜老师编写了项目二水塔供水控制系统；徐敏老师编写了项目五镗床主轴控制系统；李胜男老师编写了项目六典型机床电气控制系统；周纯玉老师编写了项目四风机启动控制系统；潘钰旸老师负责绘制相关电气控制系统图及编制习题。在教材编写过程中，大连长城自控技术有限公司项目经理张名云等企业工程技术人员给予了鼎力支持，在此表示感谢！

由于编写时间仓促，欠缺编写项目教学教材的经验，书中肯定存在错误与疏漏，希望使用本教材的广大教师和学生对教材中的问题提出宝贵意见和建议，以便进一步完善本教材。

本教材学时分配建议如下。

学时分配建议

序号	项目内容	学时分配			
		合计	讲授	实训	复习考核
1	概述	2	2		
2	三相异步电动机拆装与维护	10	4	4	2
3	水塔供水控制系统	12	4	6	2

序号	项目内容	学时分配			
		合计			合计
4	小车自动往返运行控制系统	12	4	6	2
5	风机启动控制系统	10	4	4	2
6	镗床主轴控制系统	10	4	4	2
7	典型机床电气控制系统	12	6	4	2
合　计		68	28	28	12

编　者

目　录

概述 1

项目一　三相异步电动机的拆装与维护 3

1.1　项目引入 3

1.1.1　项目任务 3

1.1.2　项目分析 3

1.2　信息收集 4

1.2.1　三相异步电动机的结构 4

1.2.2　三相异步电动机的工作原理 8

1.2.3　三相异步电动机拆装工具介绍 10

1.2.4　三相异步电动机的选用与日常使用维护 13

1.3　项目实施 15

1.3.1　三相异步电动机的拆装 15

1.3.2　三相异步电动机常见故障分析与排除 18

1.4　项目评价 23

1.5　知识拓展 23

国产三相异步电动机简介 23

课后习题 24

项目二　水塔供水控制系统 26

2.1　项目引入 26

2.1.1　项目任务 26

2.1.2　项目分析 27

2.2　信息收集 27

2.2.1　常用低压电器 27

2.2.2　继电器—接触器控制电路概述 35

2.3　项目实施 38

2.3.1　电气控制系统图设计与绘制 38

2.3.2　仿真实训 41

2.3.3　元器件选型 41

2.3.4　系统安装与调试 44

2.4　项目评价 46

2.5　项目拓展 47

课后习题 ·· 48

项目三　小车自动往返运行控制系统 ·································· 50

　3.1　项目引入 ·· 50

　　3.1.1　项目任务 ··· 50

　　3.1.2　项目分析 ··· 51

　3.2　信息收集 ·· 51

　　3.2.1　常用低压电器——位置开关 ······························· 51

　　3.2.2　三相异步电动机正反转工作原理 ··························· 53

　　3.2.3　电气线路故障检修方法 ·································· 58

　3.3　项目实施 ·· 60

　　3.3.1　电气控制系统图设计与绘制 ······························· 60

　　3.3.2　仿真实训 ··· 63

　　3.3.3　元器件选型 ··· 64

　　3.3.4　系统安装与调试 ··· 67

　3.4　项目评价 ·· 69

　3.5　项目拓展 ·· 70

　　课后习题 ·· 71

项目四　风机启动控制系统 ·· 74

　4.1　项目引入 ·· 74

　　4.1.1　项目任务 ··· 74

　　4.1.2　项目分析 ··· 74

　4.2　信息收集 ·· 75

　　4.2.1　时间继电器的识别与检测 ······························· 75

　　4.2.2　三相异步电动机 Y—△降压启动控制线路 ··············· 79

　4.3　项目实施 ·· 80

　　4.3.1　电气控制系统图的绘制 ····································· 80

　　4.3.2　仿真实训 ··· 81

　　4.3.3　元器件及工具选型 ··· 82

　　4.3.4　系统安装与调试 ··· 85

　　4.3.5　故障检修 ··· 87

　4.4　项目评价 ·· 88

　4.5　项目拓展 ·· 89

　　4.5.1　定子绕组串电阻（或电抗）降压启动 ····················· 89

　　4.5.2　自耦变压器降压启动 ··· 90

　　课后习题 ·· 90

项目五　镗床主轴控制系统 ·· 93

　5.1　项目引入 ·· 93

　　　5.1.1　项目任务 ·· 93
　　　5.1.2　项目分析 ·· 95
　　5.2　信息收集 ·· 96
　　　5.2.1　常用低压电器——速度继电器 ·· 96
　　　5.2.2　三相异步电动机电气制动工作原理 ··· 98
　　5.3　项目实施 ··· 102
　　　5.3.1　电气控制系统图设计与绘制 ·· 102
　　　5.3.2　仿真实训 ·· 103
　　　5.3.3　元器件选型 ·· 104
　　　5.3.4　系统安装与调试 ·· 107
　　5.4　项目评价 ··· 109
　　5.5　项目拓展 ··· 110
　　课后习题 ·· 112

项目六　典型机床电气控制系统 ·· 115
　　6.1　CA6140 普通车床控制电路 ·· 115
　　　6.1.1　项目目标 ··· 115
　　　6.1.2　项目分析 ··· 115
　　　6.1.3　信息收集 ··· 116
　　　6.1.4　项目实施 ··· 118
　　　6.1.5　项目评价 ··· 125
　　6.2　X62W 万能铣床控制电路 ·· 127
　　　6.2.1　项目目标 ··· 127
　　　6.2.2　项目分析 ··· 127
　　　6.2.3　信息收集 ··· 127
　　　6.2.4　项目实施 ··· 132
　　　6.2.5　项目评价 ··· 138
　　6.3　M7120 平面磨床控制电路 ··· 140
　　　6.3.1　项目目标 ··· 140
　　　6.3.2　项目分析 ··· 140
　　　6.3.3　信息收集 ··· 140
　　　6.3.4　项目实施 ··· 143
　　　6.3.5　项目评价 ··· 150
　　课后习题 ·· 152

概　述

什么是拖动？拖动是指应用各种原动机带动生产或工作机械（负载）产生运动。而用各种电动机作为原动机拖动机械设备运动的拖动方式称为电力拖动，又称电气传动。

由于电能获取方便，使用电动机的设备比其他动力装置的体积要小，没有汽、油等对环境的污染，并且控制方便，运行性能好，传动效率高，可节省能源等。所以，80％以上的机械设备，小至用步进电机拖动指针跳动的电子手表，大到上万千瓦的大型轧钢机械等都应用电力拖动。20 世纪 80 年代，我国生产的电能中约有三分之一用于电力拖动。单个电力拖动装置的功率可以从几毫瓦到几百兆瓦，转速可从每小时几转到每分钟数万转。

一、电力拖动系统的组成

1. 电力拖动系统的组成

电力拖动系统的构成示意图如图 1 所示，其中电动机、控制装置和工作机械称为电力拖动系统的三要素。

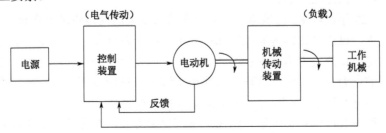

图 1　电力拖动系统的构成示意图

作为原动机的电动机在系统中担负了机电能量转换的任务，把输入的电能转换成机械能；工作机械为执行某一任务的机械部分。

为满足工作机械对速度、转矩（或拖动力）等指标的要求，电动机与工作机械之间往往装有机械的或液压的机械传动机构，机械传动用来对速度、运动方向、转矩等物理量的传递与变换。

电机控制装置由各种控制电机、电器、自动化元件及工业控制计算机组成，除了负责使电源与电动机之间的接通和断开等简单控制之外，常常还承担一些机械传动所无法完成的较复杂的控制任务，如无级调速、位置跟随等控制。

2. 电力拖动控制系统组成

完成简单通断控制的电机控制装置一般由电动机、接触器等构成，而完成复杂自动控制功能的电机控制装置主要由各种电力电子变换器（变频器、直流斩波器、交流调压器、可控整流器等）及其控制器构成，它与相应的检测、反馈装置一起构成整体的电力拖动控制系统，其结构示意框图如图 2 所示。

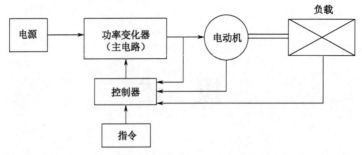

图 2　电力拖动控制系统的结构框图

电力拖动装置由电动机及其自动控制装置组成。自动控制装置通过对电动机启动、制动的控制，对电动机转速调节的控制，对电动机转矩的控制以及对某些物理量按一定规律变化的控制等，可实现对机械设备的自动化控制。采用电力拖动不仅可以把人们从繁重的体力劳动中解放出来，还可以把人们从繁杂的信息处理事务中解脱出来，并能改善机械设备的控制性能，提高产品质量和劳动生产率。

二、电力拖动系统的发展状况

按电动机供电电流制式的不同，有直流电力拖动和交流电力拖动两种。早期的生产机械如通用机床、风机、泵等不要求调速或调速要求不高，以电磁式电器组成的简单交、直流电力拖动即可以满足要求。随着工业技术的发展，对电力拖动的静态与动态控制性能都有了较高的要求，具有反馈控制的直流电力拖动以其优越的性能曾一度占据了可调速与可逆电力拖动的绝大部分应用场合。

自 20 世纪 20 年代以来，可调速直流电力拖动较多采用的是直流发电机—电动机系统，并以电机扩大机、磁放大器作为其控制元件。电力电子器件发明后，以电子元件控制、由可控整流器供电的直流电力拖动系统逐渐取代了直流发电机—电动机系统，并发展到采用数字电路控制的电力拖动系统。这种电力拖动系统具有精密调速和动态响应快等性能。这种以弱电控制强电的技术是现代电力拖动的重要特征和趋势。

交流电动机没有机械式整流子，结构简单，使用可靠，有良好的节能效果，在功率和转速极限方面都比直流电动机高；但由于交流电力拖动控制性能没有直流电力拖动好，所以 20 世纪 70 年代以前未能在高性能电力拖动中获得广泛应用。随着电力电子器件的发展，自动控制技术的进步，出现了如晶闸管的无级调速、电力电子开关器件组成的变频调速等交流电力拖动系统，使交流电力拖动已能在控制性能方面与直流电力拖动相抗衡和媲美，并已在较大的应用范围内取代了直流电力拖动。

想一想

1. 什么是电力拖动？

2. 电力拖动系统包括哪些主要组成部分？

项目一
三相异步电动机的拆装与维护

知识目标

1. 掌握常见三相异步电动机的基本结构和工作原理。
2. 掌握常用工具的使用方法。
3. 掌握三相异步电动机的日常维护方法。
4. 掌握三相异步电动机常见故障排除方法。
5. 能够说出三相异步电动机各部分的名称及作用。

技能目标

1. 会识读三相异步电动机铭牌。
2. 能够合理使用工具进行三相异步电动机的拆装操作。
3. 能够对三相异步电动机的常见故障进行检修。

1.1 项目引入

1.1.1 项目任务

电动机是把电能转换成机械能的一种设备。它利用通电线圈（也就是定子绕组）产生旋转磁场并作用于转子形成磁电动力旋转扭矩。三相异步电动机由三相交流电源供电，其外形如图 1-1 所示。由于其结构简单、价格低廉、坚固耐用、使用维护方便，因此广泛应用于金属切削机械、生产线、起重运输机械、鼓风机、水泵等工农业领域中。

图 1-1　三相异步电动机外形

本项目通过拆卸一台三相异步电动机，达到熟悉三相异步电动机结构与工作原理、掌握日常维护及故障排除等技能的目的。

1.1.2 项目分析

（1）通过拆装三相异步电动机，掌握三相异步电动机的结构和工作原理，掌握三相异步电动机的拆卸、安装及调试的方法，学会拆装、调试工具的使用方法。

（2）通过三相笼型异步电动机的选用与日常使用维护，学生掌握根据实际需要选择电动机型号的方法，掌握基本的电动机日常使用、维护的方法。

（3）通过三相异步电动机常见故障分析与排除的学习，学生掌握三相异步电动机常见故障的分析及排除方法。

想一想

1．通过阅读资料、网上查询，了解三相异步电动机的分类。

2．收集电动机在生产、生活中的应用案例。

1.2 信息收集

1.2.1 三相异步电动机的结构

三相异步电动机的种类很多，但各类三相异步电动机的基本结构都是由定子和转子组成。按照其转子结构形式的不同，分为笼型电动机和绕线型电动机两大类。笼型和绕线型转子异步电动机的定子结构基本相同，所不同的只是转子部分，如图 1-2 所示。

（a）笼型

（b）绕线型

图 1-2　电动机

1．笼型转子三相异步电动机主要结构

小型电动机大多为笼型转子，其结构如图 1-3 所示。主要由定子、转子和其他附件组成。

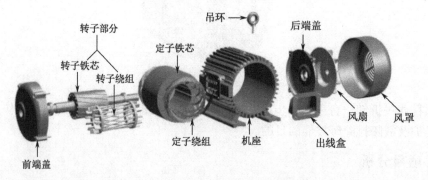

图 1-3　笼型转子三相异步电动机结构

（1）定子

电动机定子的主要作用是产生旋转磁场。定子主要结构包括定子铁芯、定子绕组和机座。定子铁芯由 0.5mm 厚的硅钢冲片沿轴向叠压而成，被压装在圆筒形基座内。沿铁芯的内圆周表面均匀开了槽，槽内嵌放着三相对称绕组。绕组的各出线端引至接线盒，以方便连接三相电源。定子三相绕组可以用星形或三角形方式连接。机座的主要作用是固定定子铁芯、端盖、支撑转子、散热，同时保护整台电动机的电磁部分。

（2）转子

电动机转子的主要作用是产生电磁转矩，带动机械负载旋转。转子的主要结构包括转子铁芯、转子绕组以及转轴。转子铁芯也采用 0.5mm 厚的硅钢冲片叠压而成。沿铁芯外圆周表面均匀开了槽，槽内放置转子绕组。根据转子导体材质不同分为铸铝转子和铜条转子，结构如图 1-4 所示。铸铝转子是在转子槽内注入金属铝液，连同端环一起构成多相对称的闭合绕组。铜条转子是在转子槽内沿轴向插入金属铜导条，再焊接两个端环将导条并联，形成多向闭合回路。转轴的作用是对负载输出机械转矩，同时支撑转子，以保证定、转子之间的气隙均匀。

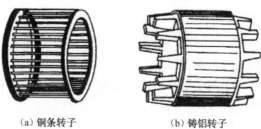

（a）铜条转子　　　　　　（b）铸铝转子

图 1-4　转子

（3）其他附件

电动机其他附件包括前后端盖、前后轴承、轴承盖、风叶及风罩等。前后端盖固定在基座上，连同轴承装置，将电动机的定子、转子装配成整体。

2．绕线型转子电动机的主要结构

（1）结构特点

绕线式转子电动机的定子结构与笼型异步电动机相同，而其转子绕组是用导线绕制而成，转子回路可通过集电环（又称滑环）和电刷外接附加电阻，以改善电动机的启动、制动和调速性能。绕线式转子电动机的结构示意图如图 1-5 所示。

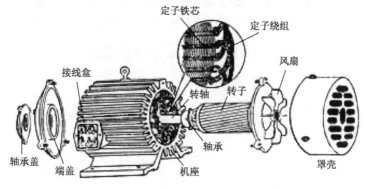

图 1-5　绕线式转子电动机的结构

绕线式转子的外形结构如图 1-6 所示，转子的三相对称绕组采用 Y 形连接。绕组的三个出线头从转轴的孔道中引出，经集电环接头接到固定在轴上的三个集电环上。各集电环之间彼此绝缘，并与转轴绝缘。集电环与固定在端盖上的静止的电刷保持滑动接触，由电刷引线至接线盒中，使转子绕组能与外电路相连接。

电动机启动时，三相集电环通过电刷与外部变阻器相连接；运行时，由举刷装置将电刷抬起，并将三相集电环短接，如图 1-7 所示。

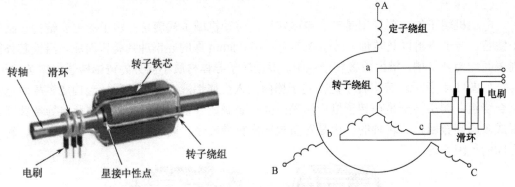

图 1-6　绕线转子　　　　图 1-7　绕线式三相异步电动机定、转子绕组接线方式

（2）绕线式转子电动机的主要零部件

绕线式转子电动机的定子装配组件、端盖装配组件与笼型异步电动机相同，区别仅在于转子零部件，具体见表 1-1。

表 1-1　绕线式转子电动机主要零部件

序　号	零部件名称	备　注
1	转子铁芯、转子冲片、齿压板、压圈	转子组件
2	转子绕组、三相线圈、槽绝缘、端部绝缘、引接线	
3	转子支架	
4	转轴、键	
5	集电环	集电环组件
6	电刷装置：刷架、刷握、电刷、举刷短路装置	

3. 三相异步电动机铭牌的识读

铭牌是电动机的身份证，认识和了解电动机铭牌中有关技术参数，可以帮助我们正确地选择、使用及维护电动机。三相异步电动机的铭牌安装在电动机机座上，如图 1-8 所示。

图 1-8　三相异步电动机铭牌

（1）型号

型号指电动机的产品代号、规格代号和特殊环境代号，电机产品型号一般采用大写印刷体的汉语拼音字母和阿拉伯数字组成。其中汉语拼音字母是根据电机全名称选择有代表意义的汉字，再用该汉字的第一个拼音字母组成。它表明了电机的类型、规格、结构特征和使用范围。Y 系列三相异步电动机的型号如图 1-9 所示。

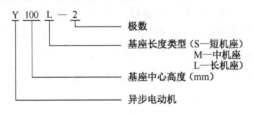

图 1-9 三相异步电动机的型号

（2）额定功率 P_N

电动机在规定的状态下运行时输出的机械功率，单位为千瓦（kW）。对于三相异步电动机，额定功率 P_N 的计算公式见式（1-1）。

$$P_N = \sqrt{3}\, U_N I_N \eta_N \cos\varphi_N \tag{1-1}$$

式中，U_N、I_N、η_N、$\cos\varphi_N$ 分别为额定电压、额定电流、额定效率和功率因数。

（3）额定电压 U_N

电动机在额定状态下运行时，外加于定子绕组上的线电压，单位为伏特（V）。

（4）额定电流 I_N

电动机在额定电压下，转轴输出功率为额定功率时的定子绕组线电流，单位为安培（A）。

（5）额定频率 f_N

输入电动机的交流电的频率，单位为赫兹（Hz）。我国规定标准工业用电的频率为 50Hz，国外有些国家采用 60Hz。

（6）额定转速 n_N

指电动机定子绕组加额定频率的额定电压，且输出额定功率时电动机的转速，即电动机在额定电压、额定频率、额定功率输出时的转子转速，单位为转/分（r/min）。可以根据额定转速、额定频率计算出电动机的极数 P 和额定转差率 S_n。

（7）接法

电动机在额定电压下三相定子绕组的接线方法，有 Y 形和 △ 形两种，如图 1-10 所示。

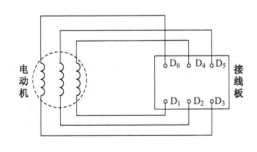

（a）定子绕组引出线

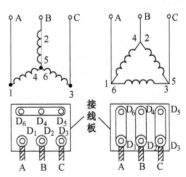

（b）Y 形接法与 △ 形接法

图 1-10 三相异步电动机的定子绕组的连接

若电动机额定电压为380V，接法为△，表明该电动机额定电压时接法为星形连接；若额定电压为380V/220V，接法为Y/△，表明该电动机电源线电压为380V时应接成星形，电源电压为220V时应接成三角形。

请注意，有些电动机只能固定一种接法，有些电动机可以两种方式切换工作。但是要注意工作电压，防止错误接线烧坏电机，高压大、中型容量的异步电动机定子绕组常采用Y形接线，电动机只有三根引出线。对于中、小容量低压异步电动机，通常把定子三相绕组的六根端线引出来，根据需要可接成Y形或△形。

（8）绝缘等级

指电动机绝缘材料的耐热等级，通常分为七个等级，如表1-2所示。

表1-2　电动机的绝缘等级

绝缘等级	Y	A	E	B	F	H	C
最高工作温度（°C）	90	105	120	130	155	180	>180

在铭牌上除了给出的以上主要数据外，有的电动机还标有额定功率因数 $\cos\varphi_N$。电动机是感性负载，定子相电流滞后定子相电压一个 φ 角，所以功率因数 $\cos\varphi_N$ 是额定负载下定子电路的相电压与相电流之间相位差的余弦。异步电动机的 $\cos\varphi$ 随负载的变化而变化，满载时 $\cos\varphi$ 约为0.7～0.9，轻载时 $\cos\varphi$ 较低，空载时只有0.2～0.3。实际使用时要根据负载的大小来合理选择电动机容量，防止"大马拉小车"。

想一想

1. 简述笼型三相异步电动机的结构。

2. 说一说三相异步电动机铭牌包括哪些参数？

1.2.2　三相异步电动机的工作原理

1. 旋转磁场的产生

图1-11（a）所示为最简单的三相异步电动机的定子绕组安置结构示意图，在空间上三相绕组彼此相差120°。如果在定子绕组通入三相对称的交流电流，如图1-11（b）和图1-11（c）所示，就会在电动机内部建立起一个恒速旋转的磁场，称为旋转磁场，它是异步电动机工作的基本条件。

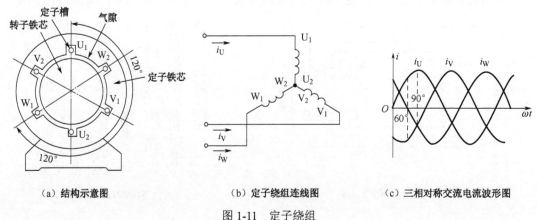

（a）结构示意图　　　　（b）定子绕组连线图　　　　（c）三相对称交流电流波形图

图1-11　定子绕组

（1）旋转磁场的大小

旋转磁场的旋转速度称为同步转速，用 n_1 表示，单位为转/分（r/min），其大小取决于三相电源的频率和电动机的磁极数，见式（1-2）。

$$n_1 = \frac{60f_1}{p} \tag{1-2}$$

式中 n_1 为三相异步电动机的同步转速；f_1 为三相交流电源的频率，单位为 Hz；p 为电动机磁极对数，由三相定子绕组的安排决定。

国产异步电动机电源频率为 50Hz，对于已知磁极对数的异步电动机，可得出对应的旋转磁场的转速，如表 1-3 所示。

表 1-3　n_1 与 p 对应关系表

p	1	2	3	4	5	6
n_1（r/min）	3000	1500	1000	750	600	500

（2）旋转磁场的方向

当通入三相绕组中电流的相序为 $i_U \rightarrow i_V \rightarrow i_W$，旋转磁场在空间是沿绕组始端 U→V→W 方向旋转的。如果把通入三相绕组中的电流相序任意调换其中两相，如调换 V、W 两相，此时通入三相绕组电流的相序为 $i_U \rightarrow i_W \rightarrow i_V$，则旋转磁场反向旋转。由此可见，旋转磁场的方向是由三相电流的相序决定的，即把通入三相绕组中的电流相序任意调换其中的两相，就可改变旋转磁场的方向。

2. 三相异步电动机的工作原理

当电动机的三相定子绕组（各相差 120° 电角度）通入三相对称交流电后，将产生一个旋转磁场，该旋转磁场切割转子绕组，从而在转子绕组中产生感应电流（转子绕组是闭合通路）。载流的转子导体在定子旋转磁场作用下将产生电磁力，从而在电机转轴上形成电磁转矩，驱动电动机旋转，并且电机旋转方向与旋转磁场方向相同，这就是三相异步电动机的工作原理，所以改变旋转磁场的方向就改变了电动机的旋转方向。由于异步电动机的定子和转子之间能量的传递是靠电磁感应作用的，故异步电动机又称感应电动机。

电动机转子的转速用 n 表示，n 是否会与旋转磁场的转速 n_1 相同呢？回答是不可能的。因为一旦转子的转速和旋转磁场的转速相同，二者便无相对运动，转子也不能产生感应电动势和感应电流，也就没有电磁转矩了。只有二者转速有差异时，才能产生电磁转矩，驱使转子转动。可见，转子转速 n 总是略小于旋转磁场的转速 n_1。正是由于这个关系，这个电动机被称为异步电动机。

n_1 与 n 有差异是异步电动机运行的必要条件。通常把同步转速 n_1 与转子转速 n 二者之差称为转差，转差与同步转速 n_1 的比值称为转差率，用 s 表示，见式（1-3）。

$$s = \frac{n_1 - n}{n_1} \tag{1-3}$$

转差率 s 是异步电动机运行时的一个重要物理量，当同步转速 n_1 一定时，转差率的数值与电动机的转速 n 相对应，正常运行的异步电动机的 s 很小，转差率的变化范围总在 0 和 1 之间，额定运行时一般 s 为 0.01~0.05。

3. 异步电动机空载和负载运行

要使异步电动机运行，必须产生足够大的电磁转矩 T_{em}。

电动机空载运行时，它产生的电磁力必须克服轴与轴之间的摩擦和转子旋转所受风阻等产生的空载转矩 T_0，即 $T_{em}=T_0$，电动机才能稳定运行。而 T_0 一般很小，所以电磁转矩也很小，但其转速很高，几乎接近同步转速。

异步电动机轴上带负载转动时，也必须符合动力学的规律，即只有在电动机的电磁转矩与机械负载的反抗力矩 T_L 相平衡时，即 $T_{em}=T_L$ 时，电动机才能以恒速运行。如果电动机的电磁转矩大于反抗力矩，即 $T_{em}>T_L$ 时，电动机将加速运行。反之，如果 $T_{em}<T_L$，则电动机将减速运行。

异步电动机是依靠转子转速的变化，来调整电动机的电磁能量，从而使电动机的电磁转矩得到相应的改变，以适应于负载变化的需要来实现新的平衡。当电动机以稳定的转速 n 运行时，假如由于某种原因，负载转矩突然降低，即变为 $T_{em}>T_L$，电动机将作加速旋转，转子感应电动势和电流减小，从而使电磁转矩减小，直到电磁转矩与新的反抗转矩相平衡，此时电动机在高于原转速 n 的情况下稳定运行。反之，转矩由于某种原因增大时，电动机将最终稳定运行在低于原转速的情况下。

想一想

1．如何改变三相异步电动机的旋转方向？

2．一台三相异步电动机的额定转速 $n_N=1460r/min$，电源频率 $f=50Hz$。试求电动机的同步转速、磁极对数和运行时的转差率。

1.2.3　三相异步电动机拆装工具介绍

常用工具主要有螺丝刀、钳子（电工钳、尖嘴钳、剪线钳、剥线钳）、扳手、剪刀、电工刀、手锤、电烙铁、试电笔、锉刀、刮刀、绞刀、砂纸或砂布、毛刷、钢锯、台虎钳、台钻等，以及其他电动及维修专用工具。

1. 螺丝刀

螺丝刀主要用于紧固或拆卸螺钉，也用于旋转电器的调节螺钉。螺丝刀根据刀口形状可分为一字形（图 1-12）和十字形（图 1-13）两种，每种都有不同的规格。

图 1-12　一字螺丝刀

图 1-13　十字螺丝刀

注意事项

① 应按照螺钉规格选择适当规格的螺丝刀。

② 使用时注意用力平稳，推压与旋转应同时进行。

③ 在旋转带电的螺钉时，注意螺丝刀的金属杆不得接触人体及附近的带电体，因此应在螺丝刀金属杆上套装绝缘套管。

④ 不能将螺丝刀用于凿、撬操作，防止损坏。

2. 钢丝钳

钢丝钳的外形如图 1-14 所示，是电动机维修实训最常用的工具之一，又称为电工钳。

钢丝钳的钳口可用于弯绞和夹持导线头或其他物体，齿口可用于旋动螺栓螺母，刀口用于剪断铁丝和导线、起拔钉子或剥离导线绝缘皮等。

注意事项

① 电工用钢丝钳的手柄上套有耐压为 500V 的绝缘套，使用前应检查绝缘套是否完好，如果有破损则禁止使用。

② 在剪断导线时，不能用一把钳子同时剪断相线与中性线（或不同相位的导线），以免发生短路。

③ 不能将钳子作为锤子使用。

此外，电动机拆装实训用到的钳子还有尖嘴钳、斜口钳和剥线钳等。其中，尖嘴钳（图 1-15）分为普通型和长嘴型两种，用于狭窄空间的操作；斜口钳（图 1-16）主要用于剪断直径较细的导线和电子元器件的引线；剥线钳（图 1-17）用于剥离导线的绝缘层。

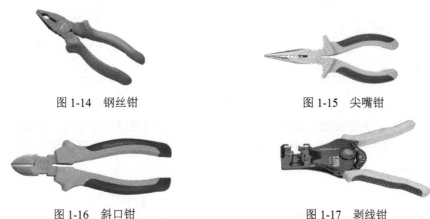

图 1-14　钢丝钳　　　　　　　　　　　图 1-15　尖嘴钳

图 1-16　斜口钳　　　　　　　　　　　图 1-17　剥线钳

3. 电工刀

电工刀是用来剖削或切割电工器材的常用工具，其外形如图 1-18 所示。普通的电工刀由刀片、刀刃、刀把、刀挂等构成。刀片根部与刀柄相铰接，刀刃上具有一段内凹形弯刀口，弯刀口末端形成刀口尖，刀柄上设有防止刀片退弹的保护钮。电工刀的刀片汇集有多项功能，使用时只需一把电工刀便可完成连接导线的各项操作，无需携带其他工具，具有结构简单、使用方便、功能多样等特点。

图 1-18　电工刀

用电工刀剖削电线绝缘层时，可把刀略微翘起一些，用刀刃的圆角抵住线芯。切忌把刀刃垂直对着导线切割绝缘层，因为这样容易割伤电线线芯。

注意事项：

① 电工刀手柄没有绝缘保护，严禁用于接触带电体。

② 使用时，应将刃口向外进行剖削。

③ 可在刃口的单面上磨出呈圆弧状的刀刃。剖削导线的绝缘层时，应先以约 45° 的角度切入，然后在贴近金属线芯时利用圆弧状刀刃以 15° 角度贴在导线上剖削，以避免损伤线芯。

④ 不可将刀刃或刀尖作旋具或凿、撬使用，以免损坏刀具。

⑤ 使用完毕应将刀身折入刀柄。

4. 试电笔

试电笔又称验电笔，简称电笔，是用作检验电路和设备是否带电的工具，一般有钢笔式和螺丝刀式两种，如图 1-19 所示。

（a）钢笔式　　　　　　（b）螺丝刀式

图 1-19　试电笔

使用时，注意手要接触到金属笔挂（钢笔式）或笔顶部的金属螺钉（螺丝刀式），如图 1-20 所示，使电流由带电体经电笔和人体与大地构成回路。只要被测带电体与大地间的电压超过 60V，试电笔的氖管就会起辉发光。

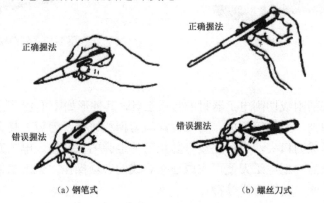

正确握法　　　　　　正确握法

错误握法　　　　　　错误握法

（a）钢笔式　　　　　　（b）螺丝刀式

图 1-20　试电笔使用方法

注意事项

① 每次使用前，应先利用确认有电的带电体检查试电笔能否正常工作，以免因氖管损坏不亮造成误判，危及人身及设备安全。

② 使用时严禁手接触笔尖的金属部分，以免触电。

③ 观察时应将氖管窗口背光并面向观察者。

④ 螺丝刀式试电笔可用作旋具使用，但应避免用力过大造成损坏。

5. 活扳手

活扳手又称为活络扳手，如图 1-21 所示，是用于起松或旋紧六角或四角螺栓、螺母的工具，电工常用的有 200mm、250mm、300mm 三种规格，使用时应根据螺母的大小进行选配。活扳手由头部和柄部两部分组成，其中头部由活络扳唇、扳口、蜗轮和销轴等组成，旋动蜗轮可以调节扳口的大小。

图 1-21　活扳手

注意事项：

① 活络扳手的扳口夹持螺母时，呆扳唇在上，活扳唇在下。活扳手切不可反过来使用。

② 在扳动生锈的螺母时，可在螺母上滴几滴煤油或机油，这样就好拧动了。

③ 在拧不动时，切不可采用钢管套在活络扳手的手柄上来增加扭力，因为这样极易损伤活络扳唇。

1.2.4　三相异步电动机的选用与日常使用维护

1. 三相异步电动机的选用

在实际生产中，三相异步电动机应用十分广泛。为了保证生产过程的顺利进行，并获得良好的经济、技术指标，应根据生产机械的需要和工作环境合理选择电动机的功率、类型和转速。

（1）功率的选择

电动机的功率是由生产机械所需的功率决定的。如果额定功率选得过大，电动机不能充分利用，浪费设备成本，而且电动机长时间在轻载下工作，其运行效率和功率因数都比较低，不经济；如果额定功率选择得过小，将引起电动机过载，甚至堵转，不仅不能保证生产机械的正常运行，还会使得电动机的温升超过允许值而导致寿命大大降低。

电动机的额定功率是与一定的工作方式相对应的。在选用电动机功率时应根据工作方式的不同采用不同的计算方法。电动机的基本工作方式有连续工作方式（S_1）、短时工作方式（S_2）和断续工作方式（S_3）三种。

如水泵、风机等连续工作的生产机械，先计算生产机械的功率，所选电动机的额定功率等于或稍大于生产机械的功率即可。

水坝门的启闭、机床刀架的快速移动、夹盘的夹紧等都是短时工作的例子。我国规定，短时工作的标准持续时间有 10min、30 min、60 min、90min 四种。专门为短时工作方式设计的电动机，其额定功率是与一定的标准持续时间相对应的。在规定时间内电动机以输出额定功率工作，其温升不会超过允许值。当没有合适的专为短时运行设计的电动机时，要经过分析计算来选择相应连续工作方式的电动机。

断续工作方式是一种周期性重复短时间运行的工作方式，我国规定，其标准持续时间为 10min。工作时间与工作周期的比值称为负载持续率。我国规定的标准负载持续率有 15%、25%、40%和 60%四种。应利用实际负载功率选用额定功率与之相近的断续工作方式的电动机，否则，要经过有关计算来选用功率适当的短时工作方式或连续工作方式的电动机。

（2）电动机种类和型号的选择

选择电动机种类与型号应从电源种类、机械特性、调速和启动性能、维护及价格等方面来综合考虑。

当生产机械负载平稳，对启动、制动及调速性能要求不高时，应优先采用异步电动机。如普通机床、水泵、风机等可选用普通笼型异步电动机。而像电梯、桥式起重机一类的提升机械，由于需要频繁启动与制动，对电动机启动、制动和调速存在要求，应选用绕线型异步电动机。

对于功率较大而又不需要调速的生产机械，如大功率水泵、空压机等，为提高电网的功率因数，可选用同步电动机。

调速范围要求较大，且需要连续平滑调速的生产机械，如轧钢机、龙门刨床、大型精密机床、造纸机等应选用变频调速的笼型异步电动机。

各种生产机械的工作环境大不相同，因此，有必要生产各种不同防护形式的电动机，以保证其在不同环境中能安全可靠地运行。常见的电动机防护形式有开启式、防护式、封闭式和防爆式。开启式用于干燥无灰尘、通风良好的场所；防护式在机壳或端盖下面有通风罩，可防止某些杂物进入；封闭式外壳严密封闭，靠风扇和外壳散热片散热，可用于有灰尘、潮湿或含有酸性气体的场所；防爆式整台电动机严密封闭，用于有爆炸性气体的场所。此外，还要根据不同的安装要求，选用不同的安装方式。

（3）电压和转速的选择

电动机的电压等级、相数、频率都要与供电电源一致。我国 Y 系列三相异步电动机的额定电压多为 380V。对于 100kW 以上的大功率电动机，常采用 3000V 或 6000V 额定电压。

对于电动机本身而言，额定功率相同的电动机，其额定转速越高，则体积越小，造价越低。但是电动机是用来拖动生产机械的，而生产机械的转速一般由生产工艺所决定。如果生产机械的运行速度很低，电动机的转速很高，则必然要增加减速和传动机构的体积和成本，机械效率也因而降低。因此，必须全面考虑电动机和传动机械各方面的因素，才能确定最合适的额定转速。通常采用较多的是同步转速为 1500r/min 的异步电动机。

2. 电动机的维护

电动机的正常运行维护是减少使用故障、确保安全运行、延长电动机寿命的重要环节。

电动机的维护应建立定期维修、检查以及保养的制度。目前，中小型异步电动机的监视和维护一般通过人工的"眼看、耳听、鼻闻及手摸"的方式来完成，这些方法简单实用。但对重要设备及大型电动机，其监视和维护可借助于电子、计算机等技术，以保证其安全可靠地运行。

（1）电动机启动注意事项

① 启动电动机前，先检查使用的电源电压应与电动机的铭牌值相符。电源容量以及电气控制设备的容量均能满足电动机的启动要求。

② 保证电动机的接线正确，接线端子无松动现象。

③ 检查电动机外壳应可靠接地。检查电动机绕组的相间绝缘及对地绝缘良好。

④ 检查电动机的传动装置。皮带连接可靠、松紧合适；联轴器螺钉、销子装配合适。

⑤ 启动时，监视电动机的启动电流是否正常，启动时机组有无异常的振动、噪声，有无异味及冒烟现象。

⑥ 电动机启动后，观察电动机的转向是否符合要求。

（2）电动机的运行维护常识

① 监视电压。电源电压与额定电压的偏差应不超过 5%。三相电压的不对称度应不超过 1.5%。

② 监视电流。电动机定子电流 $I \leqslant I_N$；三相电流的不对称度，空载时应不超过 10%，半载及以上时应不超过 5%。

③ 监视温升。经常检查电动机的温度，并检查电动机的通风是否良好。

④ 监视机组的旋转。检查机组转动是否灵活，是否有卡住、窜动、扫膛等异常现象。

⑤ 监视异味。注意电动机是否出现冒烟、起火等现象，是否发出焦糊味。

⑥ 监视异常噪声。电动机轴承摩擦或电动机与负载连接的部件产生机械摩擦时，均会发出异常的噪声。

⑦ 定期检查电动机的紧固螺钉是否有松动。

⑧ 经常检查电动机的轴承发热、漏油等情况，定期清洗电动机的轴承，更换润滑油。

⑨ 保持电动机清洁，避免水、油污、杂物等落入电动机内部。

1.3 项目实施

1.3.1 三相异步电动机的拆装

1. 工具准备

按照表 1-4 准备好拆装电动机所需的通用设备、工具和器材。

表 1-4 拆装所需通用设备、工具和器材

序 号	名 称	型 号	规 格	单 位	数 量
1	三相交流电源		380V，电压可调	处	1
2	钳形电流表	500 或 MF-47 型		台	1
3	兆欧表	ZC11-8 型	500V，0~100MΩ	台	1
4	万用表	MG-27 型	0-10-50-250A 0-300-600V、0-300Ω	台	1
5	电动机实训常用工具		电工钳、尖嘴钳、电工刀、木榔头、试电笔、扳手、锉刀、电烙铁、钢锯、一字和十字螺丝刀、台虎钳、加热喷灯、电动机维修专用工具等	套	1

2. 三相异步电动机的拆卸

（1）做准备

① 清理场地。

② 备齐工具，准备一台小功率三相笼型异步电动机。

③ 查阅并记录待拆卸电动机的型号、外形和主要参数等。

④ 在端盖、转轴、螺钉、接线柱等零件上做好标记。

⑤ 拆卸电动机所有引线。

电动机的一般拆卸步骤如图1-22所示。拆卸完毕，需将电动机各零部件按顺序摆放。

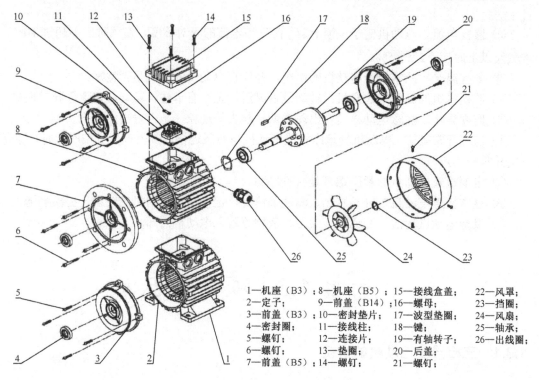

1—机座（B3）；	8—机座（B5）；	15—接线盒盖；	22—风罩；
2—定子；	9—前盖（B14）；	16—螺母；	23—挡圈；
3—前盖（B3）；	10—密封垫片；	17—波型垫圈；	24—风扇；
4—密封圈；	11—接线柱；	18—键；	25—轴承；
5—螺钉；	12—连接片；	19—有轴转子；	26—出线圈
6—螺钉；	13—垫圈；	20—后盖；	
7—前盖（B5）；	14—螺钉；	21—螺钉；	

图1-22　三相异步电动机拆卸步骤

（2）拆卸步骤

① 切断电源，拆去接线盒内的电源线和接地线。拆线时注意做好端头标记。

② 卸下传递带。

③ 卸下底脚螺母、弹簧垫圈、平垫圈。

④ 卸下皮带轮（或联轴器）。拆卸前标记皮带轮的正反面及其与前端盖的距离，然后拧开螺钉或销子，装上拉具，使皮带轮慢慢脱离转轴。

⑤ 拆卸轴承外盖。

⑥ 卸下前端盖。

⑦ 卸下风叶罩。

⑧ 卸下风扇。

⑨ 卸下后轴承外盖。

⑩ 卸下后端盖。

⑪ 卸下转子。一手握转轴，把转子拉出一些，另一手托住转子铁芯，渐渐外移。

⑫ 卸下前后轴承和轴承内盖。按轴承的大小选用适宜的拉具，或用铜棒敲打拆卸滚动轴承。

（3）注意事项

① 拆卸电动机必须按照一定的顺序和方法进行，掌握正确的拆装技术。

② 拆卸时，应将所有的小零件保存好，如螺钉、垫片、键等。可将其放在一个小盒子里，以免丢失。

③ 电动机的接线板及其接线。

（a）电动机的接线板位于接线盒内，三相绕组的六个线头分成上下两排，规定各接线柱自左至右排列的编号为：上排 6（W_2）、4（U_2）、5（V_2）；下排 1（U_1）、2（V_1）、3（W_1）。

（b）在线电压为 380V 的三相电路中，如果电动机的额定电压为 380/660V，应采用三角形连接，此时将上下排的接线柱 6（W_2）与 1（U_1）、4（U_2）与 2（V_1）、5（V_2）与 3（W_1）分别短接；如果电动机的额定电压为 220/380V，应采用星形连接，此时将上下排接线柱 6（W_2）与 4（U_2）和 5（V_2）短接。

④ 拆装联轴器或皮带轮。

（a）拆卸时，先标示出联轴器或皮带轮的正反面，并标示出联轴器或皮带轮与前端盖之间的距离，以便安装时参考。

（b）如果联轴器或皮带轮较紧，可在定位螺孔内注入煤油，待几小时后再拉，或进行局部加热后拉出，切忌硬卸。

（c）安装时，先对准键槽把联轴器或皮带轮套在转轴上，再调好位置，然后用铁板垫在键的一端，将键轻轻敲入键槽内。

⑤ 拆装端盖及轴承。

（a）前后两个端盖拆下后要标上记号，以免装错。

（b）安装端盖时，先对准机壳上的螺孔把端盖装上，再按对角线一先一后把螺钉旋紧，并注意随时转动转子，在保持转子灵活转动的前提下，将两边端盖同时拧紧。

（c）在电动机拆装实训中，可以不进行轴承的拆卸。

3．三相异步电动机的装配

（1）做准备

① 用压缩空气吹净电动机内部灰尘，清除铁锈、清洗油污等。

② 检查各零件完整性，查看有无损坏。

③ 将各部件按标记摆放好，以备装配使用。

（2）装配

装配异步电动机的步骤与拆卸相反。

（3）检查

① 机械检查。检查机械部分的装配质量。

（a）检查所有紧固螺钉是否拧紧。

（b）用手转动转轴，查看转子转动是否灵活，有无扫膛、松动现象。检查轴承是否有杂音。

② 电气检查与试验。

（a）绝缘电阻测定。

（b）直流电阻测定。

（c）耐压试验。

（d）空载试验。

（e）短路试验。

（f）反转试验。

（4）注意事项

① 拆移电动机后，电动机底座垫片要按原位置摆放固定好，以免增加钳工的工作量。

② 装配时不能用手锤直接敲击零件，可以使用木棒，对称敲击。

③ 装配端盖前，应用粗铜丝从轴承装配孔深入钩住内轴承盖，以便于装配外轴承盖。

④ 装配绕组时，切勿损伤绕组，装配后应测试绕组绝缘及绕组通路。

⑤ 用热套法装配轴承时，只要温度超过100℃，应立即停止加热，工作现场放置1211灭火器。

⑥ 电动机零部件清洗剂（汽油、煤油等）不准随便倾倒，必须倒入指定污油井中。

⑦ 装配检修完成后，场地要打扫干净。

1.3.2 三相异步电动机常见故障分析与排除

1. 三相异步电动机的常见故障及其检测方法（表1-5）

表1-5 三相异步电动机的常见故障分析

序 号	故障现象	检查手段	故障原因	处理方法
1	电动机不能启动	1. 检查三相电源 2. 检查电动机绕组通断 3. 检查电动机绕组相间及对地绝缘 4. 检查绕组阻值和接线情况 5. 电动机若正常，检查控制线路 6. 检查过流保护装置	1. 电源未接通或断路 2. 绕组断路 3. 绕组相间短路或接地 4. 绕组接地错误 5. 控制线路接错 6. 热继电器整定值过小	1. 检查断路器、熔断器、接触器主触点、电动机引线，查出故障并排除 2. 送修 3. 拆卸电动机，找出短路点、接地点修复 4. 重新判断绕组首末端，正确接线 5. 查出错误并纠正 6. 调大整定电流
2	电动机启动时熔断器熔断	1. 检查三相电源 2. 检查电动机绕组对地绝缘 3. 检查熔断器 4. 检查负载	1. 电源缺相 2. 某相绕组对地短路 3. 熔断器熔断电流过小 4. 机械设备卡住	1. 检查断路器、熔断器、接触器主触点、电动机引线，查出故障并排除 2. 拆修电动机绕组 3. 重新计算更换熔断器型号 4. 排除机械故障
3	通电后电动机嗡嗡响，但不启动	1. 检查电源电压 2. 检查三相电源 3. 检查主电路	1. 电源电压过低 2. 电源缺相 3. 主电路断路	1. 恢复额定电压 2. 修复三相电源 3. 修复电路
4	电动机外壳带电	1. 检查绕组对地绝缘 2. 检查绕组绝缘 3. 检查电源接线 4. 检查接线盒	1. 绕组受潮绝缘破坏 2. 绝缘老化 3. 错将相线当作接地线 4. 引出线与接线盒接触造成短路	1. 烘干处理 2. 送修、更换绕组 3. 改正接线 4. 做好引出线绝缘处理

序 号	故障现象	检查手段	故障原因	处理方法
5	空载时电流表指示不稳	拆检电动机	笼型转子断条	送修
6	启动困难，加额定负荷时转速低于额定值	1. 检查电源电压 2. 核对接法 3. 检查绕组接线 4. 拆检电动机	1. 电压过低 2. 三角形连接的绕组错接成星形 3. 部分绕组接错 4. 笼型转子断条	1. 与供电部门联系解决 2. 改为三角形连接运行 3. 重新判断绕组首末端正确接线 4. 送修
7	运行时振动过大	1. 检查机座固定情况 2. 检查皮带输、靠轮及齿轮、键槽 3. 拆检电动机 （a）检查轴承 （b）检查气隙 （c）检查转子 （d）检查定子 （e）检查电动机轴 （f）检查风扇	1. 地脚螺钉松动 2. 皮带轮、靠轮、齿轮安装不合格，配合键磨损 3. （a）轴承间隙过大 （b）气隙不均匀 （c）转子不平衡 （d）定子铁芯松动 （e）转轴弯曲 （f）扇叶变形，不平衡	1. 加弹簧垫，紧固螺钉 2. 重新安装，找正、更换配合键 3. （a）加垫套或更换轴承 （b）重新调整气隙 （c）清理转子，紧固螺钉，校正动平衡 （d）校正铁芯重新装配 （e）校正转轴找直 （f）校正扇叶后，校正平衡
8	运行时有杂音	1. 检查电源电压 2. 测量各相绕组电阻 3. 拆检电动机 （a）检查转子 （b）检查定子、转子铁芯 （c）检查轴承 （d）检查风扇 （e）检查气隙	1. 电压过高或不平衡 2. 各相绕组电阻不平衡，局部短路 3.（a）转子摩擦绝缘纸或者槽楔 （b）铁芯松动 （c）缺油 （d）风扇摩擦风扇罩或者风道堵塞 （e）定子、转子相摩擦	1. 与供电部门联系解决 2. 重新下线 3.（a）剪修绝缘纸和槽楔 （b）重新压铁芯处理 （c）洗轴承，按规定充油 （d）修理风扇罩，清理风道 （e）正确装配，调整气隙
9	轴承发热（绕组不发热）	1. 检查轴承室 2. 检查润滑脂 3. 检查油封 4. 检查轴承与轴间配合 5.检查电动机与传动机构配合	1. 油脂过多、过少 2. 油脂中有杂质 3. 油封过紧 4. 配合过松 5. 连接处偏心，传动皮带过紧	1. 清理后，按规定充油 2. 清洗轴承，重新充油 3. 修理油封或更换 4. 用树脂粘合，或低温镀铁 5. 校正传动机构中心线，调整皮带张力
10	绕组过热或冒烟	1. 检查电源电压 2. 检查散热风道 3. 检查风扇 4. 检查周围环境 5. 检查拖带机械 6. 询问操作情况 7. 检测绕组阻值及绝缘情况	1. 电压过高或过低 2. 风道堵塞，影响散热 3. 风扇损坏 4. 环境温度过高 5. 机械有故障造成电动机过载 6. 频繁启动、制动	1. 与有关部门联系解决 2. 清理风道，清洗电机 3. 修理、更换风扇 4. 采取降温措施 5. 排除机械故障 6. 减少操作次数，或更换电动机，适应工作条件

序　号	故障现象	检查手段	故障原因	处理方法
10	绕组过热或冒烟	8. 检查铁芯质量	7. 绕组匝间短路或对地短路、绝缘不良 8. 检修时曾烧灼铁芯，铁损增大	7. 送修、烘干或二次浸漆 8. 送修，更换铁芯

2. 三相异步电动机绕组故障检修

绕组是电动机的组成部分，老化、受潮、受热、受腐蚀、异物侵入和外力冲击等都会造成对绕组的伤害，电动机过载、欠电压、过电压、缺相运行也能引起绕组故障。绕组故障一般分为绕组接地、短路、开路和接线错误。现在分别说明故障现象、产生的原因及检查方法。

（1）绕组接地

指绕组与铁芯或与机壳的绝缘被损坏而造成的接地。

① 故障现象。机壳带电、控制线路失控、绕组短路发热，致使电动机无法正常运行。

② 产生原因。绕组受潮使绝缘电阻下降；电动机长期过载运行；有害气体腐蚀；金属异物侵入绕组内部损坏绝缘；重绕定子绕组时绝缘损坏碰铁芯；绕组端部碰端盖机座；定、转子摩擦引起绝缘灼伤；引出线绝缘损坏与壳体相碰；过电压（如雷击）使绝缘击穿。

③ 检查方法。

（a）观察法。通过目测绕组端部及线槽内绝缘物，观察有无损伤和焦黑的痕迹，如有就是接地点。

（b）万用表法。用万用表低电阻挡检查，读数很小，则为接地。

（c）兆欧表法。根据不同的等级选用兆欧表不同的挡位测量每相绕组的绝缘电阻，若读数为零，则表示该相绕组接地。但对电机绝缘受潮或因事故而击穿，需依据经验判定，一般来说，指针在"0"处摇摆不定时，可认为其具有一定的电阻值。

（d）试灯法。用一只瓦数较大的灯泡进行检查，如果试灯亮，说明绕组接地，若发现某处伴有火花或冒烟，则该处为绕组接地故障点；若灯微亮，则绝缘有接地击穿；若灯不亮，但测试棒接地时也出现火花，说明绕组尚未击穿，只是严重受潮。也可用硬木在外壳的边缘轻敲，敲到某一处灯一灭一亮时，说明电流时通时断，则该处就是接地点。

（e）分组淘汰法。对于接地点在铁芯里面且烧灼比较厉害、烧损的铜线与铁芯熔在一起的情况，采用的方法是把接地的一相绕组分成两半，依此类推，最后找出接地点。

④ 处理方法。

（a）绕组端部绝缘损坏时，在接地处重新进行绝缘处理，涂漆，再烘干。

（b）绕组接地点在槽内时，应重绕绕组或更换部分绕组元件。

（c）整个绕组受潮，就要把整个绕组预烘，然后浇上绝缘漆并烘干，直到绕组对地绝缘电阻超过 $0.5M\Omega$ 为止。如果绕组受潮严重，绕组绝缘大部分因老化焦脆而脱落，接地点较多，可以根据具体情况，把整机绕组拆下来换成新的。

（d）铁芯槽内有一片或几片硅钢片凸出来，将绕组绝缘割破造成接地。遇到这种情况，只要将硅钢片敲下去，再将绝缘被割破的地方重新包好绝缘就可以了。

最后应用兆欧表不同的挡位进行测量，满足技术要求即可。

（2）绕组短路

绕组短路是由于电动机电流过大、电源电压变动过大、单相运行、机械碰伤、制造不良等造成绝缘损坏所致，分绕组匝间短路、绕组间短路、绕组极间短路和绕组相间短路。

① 故障现象。

三相电流不平衡而使电动机运行时振动和噪声加剧，启动力矩降低，严重时电动机不能启动，而在短路线圈中产生很大的短路电流，导致线圈迅速发热而烧毁。

② 产生原因。

电动机长期过载，使绝缘老化失去绝缘作用；嵌线时造成绝缘损坏；绕组受潮使绝缘电阻下降造成绝缘击穿；端部和层间绝缘材料没垫好或整形时损坏；端部连接线绝缘损坏；过电压或遭雷击使绝缘击穿；转子与定子绕组端部相互摩擦造成绝缘损坏；金属异物落入电动机内部或油污过多。

③ 检查方法。

（a）外部观察法。观察接线盒、绕组端部有无烧焦，绕组过热后留下深褐色，并有臭味。

（b）探温检查法。空载运行 20min（发现异常时应马上停止），用手背碰触绕组各部分是否超过正常温度。

（c）万用表或兆欧表法。测任意两相绕组相间的绝缘电阻，若读数极小或为零，说明该两相绕组相间有短路。

（d）电桥检查。测量每个绕组的直流电阻，一般相差不应超过 5%以上。如超过，则电阻小的一相有短路故障。

（e）通电实验法。用电流表测量，若某相电流过大，说明该相有短路处。

（f）短路测试器法。被测绕组有短路，则钢片就会振动。

（g）电流法。电机空载运行，先测量三相电流，再调换两相测量并对比，若不随电源调换而改变，则较大电流的一相绕组有短路。

④ 处理方法。

（a）短路点在端部或绕组外层。可用绝缘材料将短路点隔开，也可重包绝缘线，再涂上绝缘漆，烘干。

（b）短路在线槽内。将其软化后，找出短路点修复，重新放入线槽后，再上漆，烘干。

（c）对短路线匝少于 1/12 的每相绕组，串联匝数时切断全部短路线，将导通部分连接，形成闭合回路，供应急使用。

（d）绕组短路点匝数超过 1/12 时，要全部拆除重绕。

（3）绕组开路

由于焊接不良或使用腐蚀性焊剂，焊接后又未清除干净，就可能造成虚焊或松脱；受机械力的影响，如绕组受到碰撞、振动或机械应力而断裂；线圈短路或接地故障也可使导线烧毁，在一起被烧毁的几根导线中有一根或几根导线短路时，另几根导线由于电流的增加而温度上升，引起绕组发热而断路；由于储存保养不善，霉烂腐蚀或老鼠啃坏等。以上情况都会造成绕组开路。绕组开路一般分为一相绕组端部断线、匝间断路、并联支路处断路、一起被烧毁的多根导线中一根断路、转子断笼。

① 故障现象。

电动机不能启动，三相电流不平衡，有异常噪声或振动大，温升超过允许值或冒烟。

② 产生原因。

（a）受机械力和电磁场力使绕组损伤或拉断。

（b）在检修和维护保养时，碰断或制造质量问题。

（c）匝间或相间短路及接地，造成绕组严重烧焦或熔断等。

（d）绕组各元件、极（相）间和绕组与引接线等接线头焊接不良，长期运行过热脱焊。

③ 检查方法。

（a）观察法。断电大多数发生在绕组端部，看有无碰折，接头处有无脱焊。

（b）万用表法。利用万用表的电阻挡，对于 Y 形接法，将一根表笔接在 Y 接的中心点上，另一根依次接在三相绕组的首端，无穷大的一相为断点；对于△形接法，断开连接后，分别测每组绕组，无穷大的则为断路点。

（c）兆欧表法。阻值趋向无穷大（即不为零值）的一相为断路点。

（d）试灯法。用一只瓦数较大的灯泡进行检查，如果试灯不亮，说明该相断路。

（e）电桥法。当电机某一相电阻比其他两相电阻大时，说明该相绕组有部分断路故障。

（f）电流表法。电机在运行时，用电流表测三相电流，若三相电流不平衡、又无短路现象，则电流较小的一相绕组有部分断路故障。

④ 处理方法。

（a）断路在端部时，连接好后焊牢，包上绝缘材料，套上绝缘管，绑扎好，再烘干。

（b）对断路点在槽内的，属少量断点的应做应急处理，采用分组淘汰法找出断点，并在绕组断路处将其连接好，并恢复绝缘，合格后使用。

（c）绕组由于匝间、相间短路和接地等原因而造成绕组严重烧焦的一般应更换新绕组。

（d）对笼型转子断笼的可采用焊接法、冷接法或换条法修复。

（4）绕组接错

绕组接错会造成不完整的旋转磁场，致使启动困难、三相电流不平衡、噪声大等症状，严重时若不及时处理会烧坏绕组。主要有下列几种情况：某极（相）中一只或几只线圈嵌反或头尾接错；极（相）组接反；某相绕组接反；多路并联绕组支路接错；△、Y接法错误。

① 故障现象。

电机启动困难，电流不平衡，噪声大，甚至不能启动，剧烈振动等，若不及时停机，还可能烧断熔断器熔体或烧坏绕组。

② 产生原因。

误将△形接成 Y 形；维修保养时三相绕组有一相首尾接反；减压启动时抽头位置选择不合适或内部接线错误；新电机在下线时，绕组连接错误；旧电机出头判断不对。

③ 检修方法。

（a）干电池法。注视万用表（微安挡）指针摆动的方向，合上开关瞬间，若指针摆向大于零的一边，则接电池正极的线头与万用表负极所接的线头同为首端或尾端；如指针反向摆动，则接电池正极的线头与万用表正极所接的线头同为首端或尾端。

（b）电动机转向法。用手转动电动机转子，如万用表（微安挡）指针不动，则证明假设的编号是正确的；若指针有偏转，说明其中有一相首尾端假设编号不对。应逐相对调重测，直至正确为止。

（c）指南针法。如果绕组没有接错，则在一相绕组中，指南针经过相邻的极（相）组时，所指的极性应相反，在三相绕组中相邻的不同相的极（相）组也相反；如极性方向不变时，说明有一极（相）组反接；若指向不定，则极（相）组内有反接的线圈。

（d）滚珠法。如滚珠沿定子内圆周表面旋转滚动，说明正确，否则绕组有接错现象。

④ 处理方法。

（a）引出线错误的，应正确判断首尾后重新连接。

（b）定子绕组一相接反时，接反的一相电流特别大，可根据这个特点查找故障并进行维修。

（c）把 Y 形接法接成△形接法或匝数不够，则空载电流大，应及时更正。

（d）减压启动接错的，应对照接线图或原理图，认真核对重新接线。

（e）一个线圈或线圈组接反，则空载电流有较大的不平衡，应进厂返修。

（f）新电机下线或重接新绕组后接线错误的，应送厂返修。

1.4 项目评价

对整个项目的完成情况进行综合评价和考核，具体评价规则见表 1-6 的项目评价表。

表 1-6 项目一评价表

项　目	评分标准	配　分	学生自评	教师评估
装配前准备	1. 工具准备，每项 3 分 2. 工作服穿戴，每项 3 分	15 分		
做好标记	1. 接线盒电源相序，每项 2 分 2. 零件位置，每项 2 分	10 分		
装配过程	装配顺序正确，位置合理，每项 5 分	40 分		
文明生产	1. 正确合理使用工具，每项 3 分 2. 清理场地，每项 3 分	25 分		
时间	每超时 5min，扣 5 分	10 分		

1.5 知识拓展

国产三相异步电动机简介

三相异步电动机是目前应用最广泛的动力装置，如工业上的各种机床、中小型轧钢设备、起重运输机械、鼓风机、压缩机、水泵，农业上的排灌、脱粒、磨粉及其他农副产品加工机械等，都是主要由三相异步电动机来拖动的。

　　三相异步电动机分笼型和绕线型两大类，其中笼型电动机转子又分为普通笼型、深槽笼型和双笼型几种，我们平时使用最多的是普通笼型转子的三相异步电动机。

　　从 20 世纪 50 年代起，我国对国产的三相笼型异步电动机进行了多次更新换代，使电动机的整体性能及质量指标不断提高。其中，J 和 JO 系列电动机是我国在 20 世纪 50 年代生产的产品，现在已经很少见到；J2 和 JO2 系列是我国于 20 世纪 60 年代自行设计制造的产品，目前仍在许多设备上使用；Y 系列是我国在 20 世纪 80 年代设计并定型的产品，与 JO2 系列产品相比较，其效率有所提高，体积平均缩小 15%，重量减轻 12%，而且功率等级较多（0.5k~160kW），选用时更加方便，避免了"大马拉小车"的弊病。Y 系列三相异步电动机完全符合国际电工委员会的标准，有利于设备出口及与进口设备上的电动机互换。

　　从 20 世纪 90 年代起，我国又开始设计开发了 Y2 系列三相异步电动机。Y2 系列电动机是 Y 系列的更新换代产品，达到同期的国际先进水平。从 20 世纪 90 年代末起，我国已开始实现由 Y 系列向 Y2 系列三相异步电动机的过渡。

课后习题

一、填空题

1. 异步电动机由_____和_____两个基本部分组成，其主要作用分别是_____和_____。

2. 按照转子结构形式的不同，三相异步电动机分为_____和_____两大类。

3. 笼型异步电动机定子铁芯由 0.5mm 厚的_____沿轴向叠压而成

4. 拆卸电动机时，如遇到生锈难以拆卸的螺钉，可将适量_____注入螺孔内，一段时间后再进行拆卸。

5. 我国 Y 系列三相异步电动机的额定电压多为_____V。

6. 三相异步电动机的基本工作方式有_____、_____和_____三种。

7. 常见的电动机防护形式有_____、_____、_____和_____四种。

8. 在线电压 380V 的三相电路中，如果电动机的额定电压为 380/660V，应采用_____形连接；如果电动机的额定电压为 220/380V，应采用_____形连接。

9. 利用兆欧表检测确定电路断路，现象应为_____。

10. 断续工作方式是一种周期性重复短时间运行的工作方式，我国规定，其标准持续时间为_____。

二、选择题

1. 三相异步电动机在运行时出现某相电源断电，对电动机带来的影响主要是____。
　　A. 电动机立即停转　　　　　　　B. 电动机转速降低、温度升高
　　C. 电动机出现振动及异声　　　　D. 电动机反转

2. 当生产机械负载平稳，对启动、制动及调速性能要求不高时，应优先采用_____。
　　A. 同步电动机　　B. 异步电动机　　C. 伺服电动机　　D. 直流电动机

3. 我国规定，短时工作的标准持续时间有_____ min、30min、60min、90min 四种。
　　A. 5　　　　　　B. 10　　　　　　C. 15　　　　　　D. 20

4．绕线式电动机启动时，三相集电环通过＿＿＿＿与外部变阻器相连接。

    A．电刷   B．线圈   C．电容   D．电感

5．普通机床、水泵、风机等可选用＿＿＿＿式异步电动机；而像电梯、桥式起重机一类的提升机械，由于需要频繁启动、制动，对电动机启动、制动和调速存在要求，应选用＿＿＿＿＿式异步电动机。

    A．笼、笼   B．绕线、绕线   C．笼、绕线   D．绕线、笼

6．有灰尘、潮湿或含有酸性气体的场所，应该选择＿＿＿＿电动机。

    A．开启式   B．防护式   C．封闭式   D．防爆式

7．通常采用较多的是同步转速为＿＿＿＿ r/min 的异步电动机。

    A．1000   B．1500   C．2000   D．3000

8．某三相异步电动机通电后嗡嗡响但不启动，排查故障时不必检测＿＿＿＿。

    A．电源电压   B．热继电器主触点

    C．接触器主触点   D．按钮触点

9．电源电压与额定电压的偏差应不超过＿＿＿＿＿%。

    A．5   B．10   C．15   D．20

10．用热套法装配轴承时，只要温度超过＿＿＿＿＿℃，应立即停止加热。

    A．500   B．300   C．200   D．100

三、判断题

1．螺丝刀可以作为起子使用。   （   ）

2．额定功率相同的电动机，其额定转速越高，则体积越小。   （   ）

3．电工刀可以直接切割带电导线。   （   ）

4．为保证安全，螺丝刀式试电笔使用时严禁用手接触电笔顶部的金属螺钉。   （   ）

5．检修电路时，电动机不转而发出嗡嗡声，松开时，两相触点有火花，说明电动机主电路一相断路。   （   ）

6．正在运行的三相异步电动机突然一相断路，电动机会停下来。   （   ）

7．在易爆、易燃场合应选用防爆型电动机。   （   ）

8．拆装电动机时，遇到难以拆装的零件，可直接用铁锤敲击。   （   ）

9．电动机启动时，发生熔断器熔断现象，可能是因电源缺相导致。   （   ）

10．电动机工作时，外壳应可靠接地。   （   ）

四、简答题

1．三相异步电动机有什么特点？

2．三相异步电动机额定电流、额定电压的含义是什么？

3．请说出电动机型号 YB3-200S2-4 的含义。

4．简述三相异步电动机运行时的维护常识。

5．通电后，三相异步电动机不能启动，且发出嗡嗡的响声，请分析其故障原因。

6．选用电动机时，应根据哪些参数进行选择？

7．请说出三相异步电动机的拆卸步骤。

8．请分析三相异步电动机绕组短路的原因。

项目二

水塔供水控制系统

1. 认识常用的低压电器元件，掌握其图形符号和文字符号、结构及作用。
2. 熟悉电气控制系统图的构成规则和绘图方法。
3. 掌握继电器接触器控制电路的构成和原理。

技能目标

1. 能够根据要求设计水塔电气控制电路。
2. 能够绘制电气原理图、安装接线图。
3. 会连接水塔供水系统控制电路，并能进行线路故障检修。

2.1 项目引入

2.1.1 项目任务

日常生活中不管是任何城市还是郊区，供水总能保持不断，而且水压十分稳定。水压之所以能维持在稳定水平，主要是因为水塔控制系统的存在，水塔供水系统原理图如图 2-1 所示。

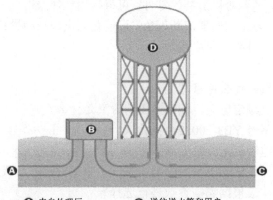

Ⓐ 来自处理厂　　　Ⓒ 送往送水管和用户
Ⓑ 水泵　　　　　　Ⓓ 水塔

图 2-1　水塔供水系统原理图

水塔的作用是通过水泵把水抽到塔顶的水塔内储存,以保证供水系统有一定的压力(一定的水位)。用继电器接触器控制系统实现人工水塔供水控制。控制电路设计要求如下。

① 电路具有以下保护环节:短路保护、失压保护、欠压保护、过载保护。

② 控制电路功能:水塔水位低于最低水位时,人工控制水泵工作,水塔开始储水;水塔水位达到最高水位,人工控制水泵停转,水塔停止储水。

2.1.2　项目分析

水塔的水泵通常采用笼型三相异步电动机拖动。所以,水塔的电气控制实际就是根据水位情况对三相异步电动机进行工作状态的控制。电动机转动,水泵抽水,水塔水位上升;电动机停转,水泵停止,水塔水位停止上升;故本系统就是通过对三相异步电动机的启停控制实现对水位的控制。

想一想

水塔什么时候开始供水?什么时候停止供水?如何实现?

查一查

1. 查阅水塔供水的相关资料,了解其具体工作方式和供水原理。

2. 什么是短路保护、失压保护、欠压保护以及过载保护。

2.2　信息收集

2.2.1　常用低压电器

低压电器能够依据操作信号或外界现场信号的要求,通过自动或手动改变电路的状态、参数,来实现对电路的控制、保护、测量、指示与调节。我国现行标准规定,将工作交流小于 1200V、直流小于 1500V,在电气线路中起通断、控制、保护和调节作用的电器称为低压电器。低压电器目前正向着使用范围越来越广、品种规格不断增加、体积变小、高可靠性、使用方便、功能可组合性方向发展。

低压电器种类繁多,按其结构、用途及所控制对象的不同,可以有不同的分类方式,常见分类方式如图 2-2 所示。

图 2-2　低压电器常见分类方式

① 按用途和控制对象不同,可将低压电器分为配电电器和控制电器。用于电能的输送和分配的电器称为低压配电电器,这类电器包括刀开关、转换开关、空气断路器和熔断器

等。用于各种控制电路和控制系统的电器称为控制电器，这类电器包括接触器、启动器和各种控制继电器等。

② 按操作方式不同，可将低压电器分为自动电器和手动电器。通过电器本身参数变化或外来信号（如电、磁、光、热等）自动完成接通、分断、起动、反向和停止等动作的电器称为自动电器。常用的自动电器有接触器、继电器等。通过人力直接操作来完成接通、分断、起动、反向和停止等动作的电器称为手动电器。常用的手动电器有刀开关、转换开关和主令电器等。

③ 按工作原理不同，可分为电磁式电器和非电量控制电器。电磁式电器是依据电磁感应原理来工作的电器，如接触器、各类电磁式继电器等。非电量控制电器的工作是靠外力或某种非电量的变化而动作，如行程开关、速度继电器等。

1. 刀开关

（1）刀开关用途

刀开关是一种常见的手动电器，属于低压开关的一种。在低压电路中用于不频繁地接通和分断电路，或用于隔离电源，故又称隔离开关。

（2）刀开关的结构和安装

刀开关是一种结构较为简单的手动电器，主要由手柄、触刀、静插座和绝缘底板等组成，如图2-3所示。

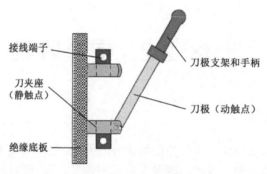

图2-3 刀开关结构

刀开关在切断电源时会产生电弧，因此在安装刀开关时手柄必须朝上，不得倒装或平装。接线时应将电源线接在上端，负载接在下端，这样拉闸后刀片与电源隔离，可防止意外发生。

（3）刀开关的种类及外形

常用刀开关有 HD 系列、HS 系列板用刀开关、HK 系列开启式负荷开关、 HH 系列封闭式负荷开关。刀开关的外形如图2-4所示。

（4）刀开关的型号含义与电路符号

刀开关的型号含义与电路符号如图2-5所示。

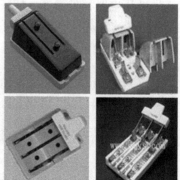

图2-4 刀开关外形

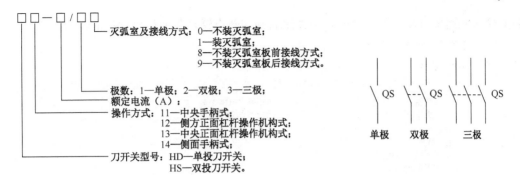

（a）型号含义 　　　　　　　　　　　　　（b）电路符号

图 2-5　刀开关的型号含义与电路符号

2．熔断器

（1）熔断器用途

熔断器是一种结构简单、使用方便、价格低廉、控制有效的短路保护电器。

（2）熔断器的分类及外形

熔断器的类型很多，按结构形式可分为插入式熔断器、螺旋式熔断器、封闭管式熔断器、快速熔断器和自复式熔断器等。其外形如图 2-6 所示。

图 2-6　熔断器外形

（3）熔断器的结构和工作原理

熔断器主要由熔体（俗称保险丝）和安装熔体的熔管（或熔座）组成。其结构如图 2-7 所示。

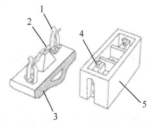

1—动触点；2—熔丝；3—瓷盖；4—静触点；5—瓷座

图 2-7　插入式熔断器的结构

熔断器的熔体与被保护的电路串联，当电路正常工作时，熔体允许通过一定大小的电流而不熔断。当电路发生短路或严重过载时，熔体中流过很大的故障电流，当电流产生的热量使熔体温度升高达到熔点时，熔体熔断并切断电路，从而达到保护的目的。

（4）熔断器的型号含义与电路符号

熔断器的型号含义与电路符号如图2-8所示。

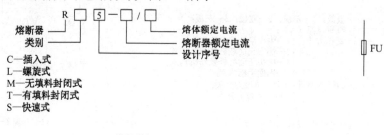

（a）型号含义   （b）电路符号

图 2-8 熔断器的型号含义与电路符号

3. 断路器

（1）低压断路器用途

低压断路器也是一种常用的低压开关，也称自动空气开关（空开）。它是一种既可以接通和分断正常负荷电流和过负荷电流，又可以接通和分断短路电流的开关电器。低压断路器在电路中除起控制作用外，还具有一定的保护功能，如短路、过载、欠压和漏电保护等。欠压保护是指在电源电压降到允许值以下时，为了防止控制电路和电动机工作不正常，需要采取措施切断电源。漏电保护是指在电路或电器绝缘受损发生对地短路时，为防止人身触电和电气火灾而及时切断电源。

（2）低压断路器外形

低压断路器外形如图2-9所示。

图 2-9 低压断路器外形

（3）低压断路器的结构和工作原理

低压断路器主要由触点、灭弧装置、操动机构和保护装置等组成。断路器的保护装置由各种脱扣器来实现。断路器的脱扣器形式有：欠压脱扣器、过电流脱扣器、分励脱扣器等。其结构如图2-10所示。

（4）低压断路器分类

低压断路器的分类方式很多，按结构形式分有 DW15、DW16、CW 系列万能式、DZ5系列、DZ15 系列、DZ20 系列、DZ25 系列塑壳式断路器。

按灭弧介质分有空气式和真空式（目前国产多为空气式）。

按操作方式分有手动操作、电动操作和弹簧储能机械操作。

按极数分有单极式、二极式、三极式和四极式；按安装方式分有固定式、插入式、抽屉式和嵌入式等。低压断路器容量范围很大，最小为4A，而最大可达5000A。

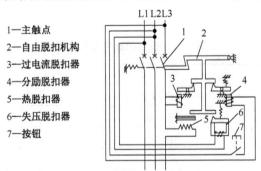

1—主触点
2—自由脱扣机构
3—过电流脱扣器
4—分励脱扣器
5—热脱扣器
6—失压脱扣器
7—按钮

图2-10　低压断路器结构

（5）低压断路器型号含义与电路符号

低压断路器型号含义与电路符号如图2-11所示。

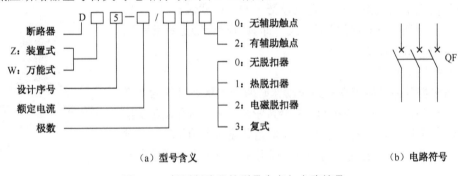

（a）型号含义　　　　　　　　　　　（b）电路符号

图2-11　低压断路器的型号含义与电路符号

4．按钮

（1）按钮的用途

按钮是一种常用的控制电器元件，常用来手动接通或断开控制电路（其中电流很小），它不直接控制主电路的通断，而是通过控制主电路远距离发出手动指令或信号去控制接触器、继电器等，从而达到控制电动机或其他电气设备运行目的的一种开关。

（2）按钮的种类

控制按钮的种类很多，指示灯式按钮内可装入信号灯显示信号；紧急式按钮装有蘑菇形钮帽，以便于紧急操作；旋钮式按钮用于扭动旋钮来进行操作。常见按钮的外形如图2-12所示。

按钮分解图　　　　　　　　　　指示灯

旋钮　　　　　　　　　　急停按钮

磨头按钮-不带灯　　　　　　　小型按钮

图2-12　按钮的外形

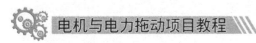

（3）按钮的颜色及其含义

按钮的颜色及其含义见表 2-1。

表 2-1　按钮的颜色及其含义

颜　　色	含　　义	典 型 应 用
红色	发生危险的时候作用	急停按钮
	停止、断开	设备的停止按钮
黄色	应急情况	非正常运行时的终止按钮
绿色	启动	启动按钮
蓝色	上述几种颜色未包括的任一种功能	
黑色、灰色、白色	其他的任一种功能	

（4）按钮的结构

控制按钮由按钮帽（1）、复位弹簧（2）、桥式触点（3、4、5）和外壳等组成，通常做成复合式，即具有动合触点和动断触点，其结构示意如图 2-13 所示。

（5）按钮的分类

按钮根据其内部触点在按钮未动作时所处的状态可分为常开按钮、常闭按钮、常开常闭按钮（复合按钮）三种。常开按钮是按钮未动作时开关触点断开的按钮。常闭按钮是按钮未动作时开关触点接通的按钮。复合按钮是按钮未动作时开关触点既有接通也有断开的按钮。

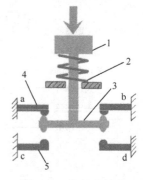

图 2-13　按钮的结构

（6）按钮的型号含义及电路符号

按钮的型号含义及电路符号如图 2-14 所示。

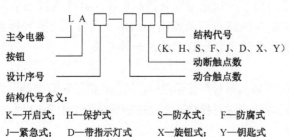

结构代号含义：

K—开启式；　H—保护式　　S—防水式；　　F—防腐式

J—紧急式；　D—带指示灯式　X—旋钮式；　　Y—钥匙式

（a）型号含义

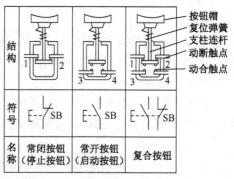

（b）电路符号

图 2-14　按钮的型号含义及电路符号

5. 热继电器

（1）热继电器的用途

热继电器主要用于过载、缺相及三相电流不平衡的保护。

（2）热继电器的结构和工作原理

热继电器的形式有多种，其中以双金属片式应用最多。双金属片式热继电器主要由发热元件、双金属片和触点三部分组成，如图 2-15 所示。双金属片是热继电器的感测元件，由两种膨胀系数不同的金属片辗压而成。当串联在电动机定子绕组中的热元件有电流流过时，热元件产生的热量使双金属片伸长，由于膨胀系数不同，致使双金属片发生弯曲。电动机正常运行时，双金属片的弯曲程度不足以使热继电器动作。但是当电动机过载时，流过热元件的电流增大，加上时间效应，就会加大双金属片的弯曲程度，最终使双金属片推动导板使热继电器的触点动作，切断电动机的控制电路。

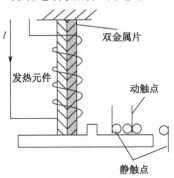

图 2-15　热继电器的结构

（3）热继电器的外形

　　热继电器的外形如图 2-16 所示。

图 2-16　热继电器外形

（4）热继电器的型号含义与电路符号

　　热继电器的型号含义与电路符号如图 2-17 所示。

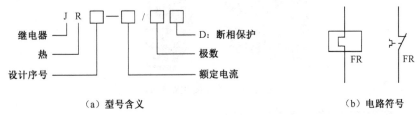

（a）型号含义　　　　　　　　　　　　　　　（b）电路符号

图 2-17　热继电器的型号含义与电路符号

6. 接触器

（1）接触器的用途

接触器主要用于频繁接通或分断交、直流主电路和大容量的控制电路，可远距离操作，配合继电器可以实现定时操作，联锁控制及各种定量控制和失压及欠压保护。接触器按主触点通入电流的种类，分为交流接触器和直流接触器。以下介绍交流接触器的应用知识。

（2）交流接触器的结构

如图 2-18 所示，交流接触器主要由电磁机构[包括电磁线圈（1）、铁芯（2）和衔铁（3）]、触点系统[主触点（4）和辅助触点（5）]、灭弧装置（图中未画出）及其他部分组成。

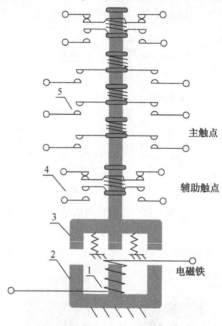

图 2-18　接触器结构

（3）接触器的外形

几种常见的交流接触器外形如图 2-19 所示。

图 2-19　各种接触器外形

（4）交流接触器的型号含义及电路符号

常见接触器有 CJ20 系列、3TH 和 CJX1(3TB)系列。其中 CJ20 系列是较新的产品，而 3TH 和 CJX1(3TB)系列是从德国西门子公司引进制造的新型接触器。接触器的型号含义及电路符号如图 2-20 所示。

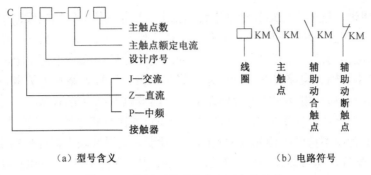

（a）型号含义　　　　　　　　　　（b）电路符号

图 2-20　接触器的型号含义及电路符号

（5）交流接触器的工作原理

当线圈通电时，静铁芯产生电磁吸力，将动铁芯吸合，由于触点系统是与动铁芯联动的，因此动铁芯带动三条动触片同时运行，触点闭合，从而接通电源。当线圈断电时，吸力消失，动铁芯联动部分依靠弹簧的反作用力而分离，使主触点断开，切断电源。

（6）交流接触器的选择

一般根据以下原则来选择接触器。

① 接触器类型。

交流负载选交流接触器，直流负载选直流接触器，根据负载大小不同，选择不同型号的接触器。

② 接触器额定电压。

接触器的额定电压应大于或等于负载回路电压。

③ 接触器额定电流。

接触器的额定电流应大于或等于负载回路的额定电流。

④ 吸引线圈的电压。

吸引线圈的额定电压应与被控回路电压一致。

⑤ 触点数量。

接触器的主触点、常开辅助触点、常闭辅助触点数量应与主电路和控制电路的要求一致。

2.2.2　继电器—接触器控制电路概述

1. 电气控制系统图的构成规则

电气控制系统由电气设备和各种电气元件按照一定的控制要求连接而成。为了表达电气控制系统的组成结构、设计意图，方便分析系统工作原理及安装、调试和检修等技术要求，需要采用统一的工程语言（图形符号和文字符号）来表达，这种工程语言是一种工程图，称电气控制系统图。

电气控制系统图一般有三种：电气原理图、电器元件位置图与安装接线图。电气控制系统图是根据国家电气制图标准，用规定的图形符号、文字符号以及规定的画法绘制的。

2. 电气控制系统图的绘图方法

（1）电气原理图

用图形符号、文字符号、项目代号等表示电路各个电气元件之间的关系和工作原理的图称为电气原理图。

① 电气原理一般分主电路和辅助电路两部分。主电路是电气控制线路中大电流通过的部分，包括从电源到电机之间的电器元件，一般由组合开关、断路器、主熔断器、接触器主触点、热继电器的热元件和电动机组成。辅助电路是控制线路中除主电路以外的电路，其通过电流较小。辅助电路包括控制电路、照明电路、信号电路和保护电路。其控制电路是由按钮、接触器和继电器的线圈及辅助触点、热继电器触点等组成。

② 图中所有元件都应采用国家标准中统一规定的图形符号和文字符号。

③ 电气原理图不按照电器元件的实际布线绘制，也不反映电器元件的实际大小，元器件布局应便于阅读，尽可能按动作顺序从上到下、从左到右绘制。主电路在图面左侧或上方，辅助电路在图面右侧或下方。控制电路中的耗能元件画在电路的最下端。

④ 同一电器元件的不同部位（如线圈、触点）分散在不同位置时，为了表示同一元件，要标注统一的文字符号。对于同类器件，要在其文字符号后加数字序号来区别。如两个接触器，可用 KM1、KM2 文字符号区别，但同一接触器 KM1 的线圈、触点都要标注 KM1。

⑤ 触点的绘制位置，使触点动作的外力方向必须是：当图形垂直放置时为从左到右，即垂线左侧的触点为常开触点，垂线右侧的触点为常闭触点；当图形水平放置时为从下到上，即水平线下方的触点为常开触点，水平线上方的触点为常闭触点。

⑥ 所有电器元件的可动部分均按未通电或无外力作用时的状态绘制。

⑦ 尽量减少和避免线条交叉。各导线之间有电联系时，在导线交点处画实心圆点。

⑧ 根据图面布置需要，可以将图形符号旋转绘制，一般逆时针旋转 90°，但文字符号不可倒置。

⑨ 图区和索引，图纸上方的 1、2、3……数字是图区编号，为了便于检索电气线路、方便分析从而避免遗漏设置的。图区编号也可设置在图的下方。图区编号下方的文字表明其对应下方元件或电路的功能。图号是指当某设备的电气原理图按功能多册装订时，每册的编号。在较复杂的电气原理图中，对继电器、接触器线圈的文字符号下方要标注其触点位置的索引；而在其触点的文字符号下方要标注其线圈位置的索引。符号位置的索引，用图号、页次和图区编号的组合索引法，索引代号的组成如图 2-21 所示。

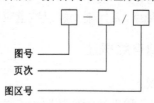

图 2-21　电气原理图索引标注

⑩ 线路编号原则。电源引入线采用 L1、L2、L3，电动机绕组侧采用 U、V、W 表示电机绕组，首端采用 U1、V1、W1，尾端采用 U2、V2、W2。若有多台电机可采用 1U1、1V1、1W1 以及 2U1、2V1、2W1 分别表示两台电动机的首端。三相电源至电机间按相序逐级编号，经过一级低压电器出线编号为 L11、L21、L31，经过第二级低压电器出现编号依次为 L12、L22、L32，字母 L 后第一位数字表示相序，第二位数字表示经过几级低压电器，依此类推。有时也采用另一种编号方式，三相电 L1、L2、L3 经过一级低压电器编号 U11、V11、W11，第二级编号 U12、V12、W12，具体编号如图 2-22 所示。

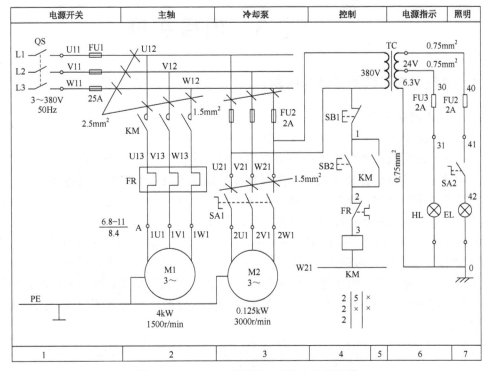

图 2-22 CW6132 型普通车床的电气原理图

（2）元件布置图

电器元件布置图主要是表明电气设备上所有电器元件的实际位置，为电气设备的安装及维修提供必要的资料。

① 必须遵循相关国家标准绘制电器元件布置图。

② 相同类型的电器元件布置时，体积较大和较重的应安装在控制柜或面板的下方。

③ 发热的电器元器件应安装在控制柜或面板的上方或后方，但热继电器一般安装在接触器的下面，以方便与电机和接触器的连接。

④ 需要经常维护、整定和检修的电器元件、操作开关、监视仪器仪表，其安装位置应高低适宜，以便工作人员操作。

⑤ 强电、弱电应该分开走线，注意屏蔽层的连接，防止干扰的窜入。

⑥ 电器元器件的布置应考虑安装间隙，并尽可能做到整齐、美观。

（3）电气安装接线图

主要用于电气设备的安装配线、线路检查、线路维修和故障处理。在图中要标示出各电气设备、电器元件之间的实际接线情况，并标注出外部接线所需的数据。

① 和原理图配合使用，必须遵循相关国家标准绘制电气安装接线图。

② 各元器件的位置、文字符号必须和电气原理图中的标注一致，同一个电器元件的各部位必须画在一起，各元器件的位置应与实际安装位置一致。

③ 不在同一安装板或电气柜上的电器元件或信号的电气连接一般应通过端子排连接，并按照电气原理图中的接线编号连接。

④ 走向相同、功能相同的多根导线可用单线或线束表示，画连接线时，应标明导线的规格、型号、颜色、根数和穿线管的尺寸。

2.3　项目实施

2.3.1　电气控制系统图设计与绘制

1. 电气原理图设计

（1）主电路设计

水塔作用即是通过水泵把水抽到塔顶的水塔内储存，保证一定的水压。水泵实际上是由三相异步电动机进行拖动控制。控制目标是实现水泵电机的单方向运转，即利用刀开关、熔断器或断路器、交流接触器、按钮等低压电器，通过一定方式的连接，实现对三相异步电动机的单向运行控制（运转方向和水泵供水方向相同）。常见的控制单一对象的主电路如图 2-23 所示，在图 2-23（a）中，刀开关 QS 起到接通三相电源的作用，熔断器 FU1 用作主电路的短路保护。刀开关和熔断器可以由低压断路器替代使用，使系统具有欠压、短路、漏电保护等功能，如图 2-23（b）所示。如果电动机长时间运转，则需要热继电器进行过载保护，可以防止因水泵卡住或欠压导致过载等故障造成电机损坏。如图 2-23（c）所示。

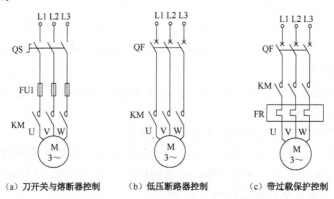

(a) 刀开关与熔断器控制　　(b) 低压断路器控制　　(c) 带过载保护控制

图 2-23　水塔供水控制系统主电路

（2）控制电路设计

若控制系统主电路采用刀开关控制电源通断，控制电路则需要采用熔断器进行短路保护，如图 2-24 所示。由于主电路采用交流接触器控制电源的频繁通断，所以控制电路需要对其线圈进行通断电控制。根据电气原理图的设计规则，耗能线圈放置控制电路下方，采用相应低压电器的常开触点与线圈进行串联作为得电条件，常闭触点与线圈进行串联作为断电条件。

在图 2-24（a）中，按下按钮 SB，常开触点闭合，KM 线圈得电，主电路中 KM 主触点吸合，电动机运转。松开 SB，KM 线圈失电，主触点断开，电动机停转。这种控制方式称为点动控制，即按下按钮电动机运转，松开按钮电动机停转，无需另设停止按钮。

在图 2-24（b）中，当按下按钮 SB2，常开触点闭合，KM 线圈得电，主电路中 KM 主触点吸合，电动机运转，同时 KM 辅助常开触点闭合，松开按钮 SB2，KM 线圈持续得电，电动机连续运转。按下按钮 SB1，KM 线圈失电，主触点和辅助触点均断开，电动机停转。可见，采用 KM 的辅助常开触点并联在启动按钮常开触点的两端，可以保证 KM 自身线圈持续得电，这种控制方式称为自锁，可以实现电动机的连续控制。

在图 2-24（c）中，和图 2-24（b）相比，控制电路中多了热继电器的辅助触点，即当电机发生过载时，热继电器的常闭触点断开，切断控制电路，KM 线圈失电，从而起到过载保护的作用。

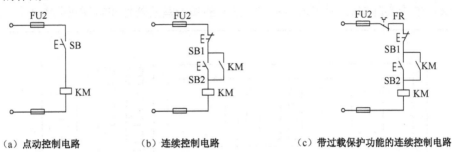

（a）点动控制电路　　　　（b）连续控制电路　　　（c）带过载保护功能的连续控制电路

图 2-24　电动机点动与连续运转控制电路

根据系统的不同控制要求设计不同功能的电气原理图，常见的几种控制电路如图 2-25 所示，试分析三种控制系统的区别。

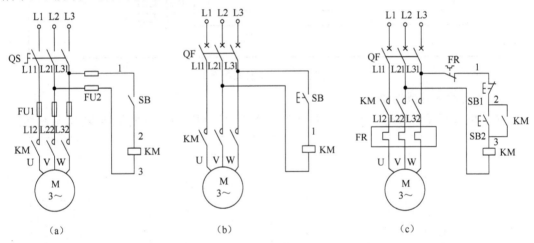

（a）　　　　　　　　　　（b）　　　　　　　　　　（c）

图 2-25　电动机单向运转典型控制原理图

通过项目分析可知，需要根据水位实现人工供水控制，供水系统应设有启动按钮和停止按钮实现供水控制，水塔供水应为连续供水，即应实现电动机的连续运转控制（长动），并且要求系统需具备短路保护、失压保护、欠压保护、过载保护环节。完成表 2-2 的内容。

表 2-2　水塔供水控制条件

控制要求与目标	实 现 方 法
水泵供水	
停止供水	
启动供水	
连续供水	
短路保护	
失压、欠压保护	
过载保护	

根据以上要求和分析设计水塔供水系统控制电路。

2. 元器件布局图绘制

根据电气原理图进行元器件布置，布置原则为：元器件间距合适，走线方便，导线尽量不交叉，便于实际安装与检修。图 2-26 给出的实验室元器件布置图仅供参考。

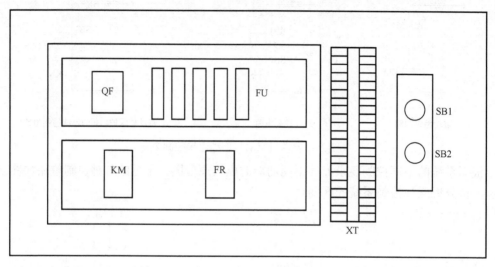

图 2-26　元器件布局图

3. 电气安装接线图绘制

根据电气原理图和元器件布局图，绘制水塔供水控制系统电气安装接线图，见图 2-27。

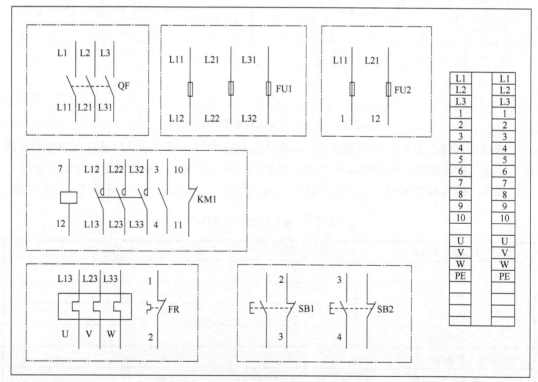

图 2-27　水塔供水控制系统电气安装接线图

2.3.2 仿真实训

本项目采用仿实一体化教学手段。电路安装前，学生利用多媒体仿真软件反复进行仿真接线、故障检测与排除，再确保学生对电路熟练掌握后再进行实训操作。

仿真实训环境要求：计算机机房，每人 1 台安装仿真软件的计算机。

仿真实训步骤：

① 按照原理图进行仿真接线，如图 2-28 所示。

② 仿真运行。

（a）合上电源开关 QF。

（b）按下 SB2 进行电动机运行操作。

（c）按下 SB1 进行电动机停止运行操作。

③ 仿真连线达标后方可进行实操练。

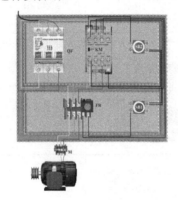

图 2-28　电气仿真接线

2.3.3 元器件选型

1. 元器件选型

本项目所需元器件清单列于表 2-3，其中型号和规格一栏依据实际选用的型号和规格自行填写。

表 2-3　元器件明细表

名　称	符　号	型　号	规　格	数　量	作　用
低压断路器					
交流接触器					
热继电器					
按钮					
三相异步电动机					

2. 元器件检查

（1）外观检查

元器件外观检查方法见表 2-4。并将检查结果记录在表 2-4 中。

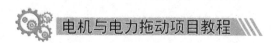

表 2-4　元器件外观检查方法及检查结果记录表

名　称	代　号	图　示	检查步骤及结果
熔断器	FU		1．看型号中的熔断器额定电流是否符合标准 2．看外表是否破损 3．看接线座是否完整 检查结果：
空气断路器	QF		1．看型号中的额定电流是否符合标准 2．看外表是否破损 3．看接线座是否完整，有无垫片 检查结果：
交流接触器	KM		1．看型号中的额定电流、额定电压是否符合标准 2．看外表是否破损 3．看触点动作是否灵活，有无卡阻 4．看触点结构是否完整，有无垫片 检查结果：
电动机	M		1．看型号中的额定电流、额定电压、接线方式是否符合标准 2．看有无垫片，或接线柱是否松动 3．手动检查电动机转动是否灵活 检查结果：
按钮	SB		1．看型号是否符合标准 2．看外表是否破损 3．看触点动作是否灵活，有无卡阻 4．看触点结构是否完整，有无垫片 检查结果：
热继电器	FR		1．看型号是否符合标准 2．看外表是否破损 3．看触点结构是否完整，有无垫片 检查结果：

（2）万用表检测

使用万用表检测的方法见表 2-5。将结果记录在表 2-5 中。

表 2-5　使用万用表检测方法及结果记录表

名　称	代　号	图　示	检测步骤及结果
熔断器	FU		万用表拨至 R×1Ω挡,依次测量上下接线座之间电阻。正常阻值接近 0,若为∞,则熔体接触不良或熔体烧坏
			检测结果:
空气断路器	QF	QF	万用表拨至 R×1Ω挡,依次测量 QF 上下对应触点电阻,阻值为∞,合上 QF,阻值接近 0,说明断路器正常
			检测结果:
交流接触器	KM	线圈	万用表拨至 R×100Ω挡,测线圈电阻,若阻值在 1~2kΩ之间,正常;若阻值为∞,则线圈断路
			检测结果:
		触点	万用表拨至 R×1Ω挡,测量动断(动合)触点,正常阻值为 0(∞),手动吸合 KM,阻值变为∞(0)
			检测结果:
电动机	M		万用表拨至 R×1Ω挡,测量 U、V、W 三相间电阻,正常为∞,再分别测 U_1-U_2、V_1-V_2、W_1-W_2 各相线圈阻值,若阻值在 1~2kΩ 之间,正常;若阻值为∞,则该相线圈断路。用兆欧表检测电动机绕组对外壳绝缘电阻应大于 0.5MΩ
			检测结果:
按钮	SB		万用表拨至 R×1Ω挡,测量动断(动合)触点,正常阻值为 0(∞),手动按下按钮,阻值变为∞(0)
			检测结果:
热继电器	FR	热元件	万用表拨至 R×1Ω挡,测热元件触点电阻,正常时接近 0
			检测结果:
		动断触点	万用表拨至 R×1Ω挡,测动断触点电阻,正常时接近 0,手动模拟过载(按下红色按钮),阻值变为∞,按下复位按钮,又恢复为 0,则良好
			检测结果:

2.3.4 系统安装与调试

1. 清点工具和仪表

将水塔供水系统安装与调试所需工具和仪表记录在表 2-6 中。

表 2-6 工具统计表

工 具 名 称	规 格 型 号	数 量	工 具 名 称	规 格 型 号	数 量
钢丝钳			一字螺丝刀		
剥线钳			十字螺丝刀		
尖嘴钳			万用表		

2. 安装元器件

检测好元器件后，将元器件固定在实训安装板的卡轨上，安装示意图如图 2-29 所示，注意元器件要按照电气元器件布置图来安装，保证各个元器件的安装位置间距合理、均匀，元器件安装要平稳，且注意安装方向。

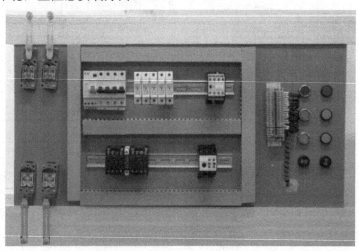

图 2-29　元器件安装示意图

3. 布线

总体要求：导线出入进行线槽、横平竖直、转角直角、长线沉底、走线成束、同面不交叉、可靠、美观。

具体按照以下布线原则进行线路连接。

① 引出导线走向。电器元件水平中心线以上端子引出线进入元件上面行线槽，电器元件水平中心线以下端子引出线进入元件下面行线槽，不允许从水平方向进入行线槽。

② 除特殊情况限制，导线必须经过行线槽进行连接；行线槽内装线不超过容量的 70%，装线要完全置于槽内，且避免在内部交叉。

③ 连接至行线槽的外漏导线要横平竖直，变换走向时垂直；外漏导线不要交叉，在同一元件上位置一致，且引出导线尽量置于同一平面。

④ 导线接头上应套有与电路图上相应接点线号一致的编码套管，按线号进行连接。

⑤ 一般一个接线端子上最多连接两根导线，专门设计的端子除外。

⑥ 软导线必须要压接端子，压接要牢固，不得有毛刺，硬导线要绕成合适的羊眼圈或直接头，与接线端子连接时，不得压绝缘层，漏铜不得超过 2mm，导线中间不允许有接头。

4. 自检

线路连接后，必须进行检查。

① 检查布线。按照电路图从左到右顺序检查是否存在掉线、错线，是否存在漏编、错编线号，是否存在接线不牢固。

② 使用万用表检查。使用万用表电阻挡位按照电路图检查是否有错线、掉线、错位、短路等。检测过程见表 2-7，将测量结果记录在表 2-7 中。

表 2-7 万用表检测电路过程及结果记录表（挡位：R×100Ω）

测量任务	测量过程			正 确 阻 值	测 量 结 果
	测量数据	工序	操作方法		
测量主电路	接上电动机，分别测量QF出线端处任意两相之间的阻值	1	所有器件不动作	∞	
		2	手动 KM	电动机 M 两相定子绕组阻值之和	
		3	手动 FR	阻值变为∞	
	分别测量QF出线端至电动机定子绕组首端各相阻值	4	手动 KM	L1-U 间、L2-V 间、L3-W 间阻值均为 0	
测量控制电路	接上电动机，测量控制电路引至QF任选两相出线端处的阻值	5	所有器件不动作	∞	
		6	按下启动按钮不动	接触器线圈阻值，约为 1~2kΩ	
		7	接续工序5，再按下停止按钮	阻值变为∞	
		8	接续工序5，再按下热继电器	阻值变为∞	
	测量 KM 自锁	9	按下启动按钮	接触器常开触点两端阻值为 0	

以上检测方法仅供参考，使用万用表检测电路过程不唯一，可自行采用其他检测过程。

5. 通电试车

电路检测完毕后，盖好行线槽盖板，准备通电试车。严格按照以下步骤进行通电试车。

① 一人操作，同时提醒组内成员及周围同学："注意！要通电了！"

② 通电操作过程：合上实验台上 QF，接通三相电源→合上实训安装板上 QF，安装电路接通三相电源→按下启动按钮→电动机连续运转→按下停止按钮→电动机停止→重新按下启动按钮→电动机运转→模拟热继电器过载→电动机停转→断开实训安装板上 QF，切断

安装电路的三相电源→断开实验台上 QF，切断三相电源。

③ 故障分析与排除。

（a）通电观察故障现象，停电检修，并验电，确保设备及线路不带电。

（b）挂"禁止合闸、有人工作"警示牌。

（c）按照电气线路检查方法进行检查，一人检修，一人监护。

（d）执行"谁停电谁送电"制度。

◁ **注意：必须在老师现场监护下进行通电试车！**

2.4 项目评价

对整个项目的完成情况进行综合评价和考核，具体评价规则见表 2-8 的项目验收单。

表 2-8 项目二验收单

第_____组　　　　　第一负责人_____　　参与人_____

项目名称_____

验收日期_____年_____月_____日

考核项目	考核内容	配分	扣分标准	自评	互评	师评
先期检测	元器件漏检、错检	5	每个扣 1 分			
布局安装	元器件布局不合理	5	每处扣 2 分			
	安装不牢固		每处扣 2 分			
	元器件有损坏		酌情扣分			
线路敷设	不按电路图接线	45	酌情扣分			
	主电路接线有错误		每处扣 3 分			
	控制电路接线有错误		每处扣 2 分			
	布线不合理（每个接点线数不超过 3 根）		每处扣 1 分			
	有意损坏导线绝缘或线芯		每根扣 2 分			
	接线压胶、反圈、露铜		每一处扣 2 分			
故障排查	万用表挡位选择错误	20	扣 3 分			
	仪表、工具使用不当		每次扣 2 分			
	排查顺序混乱		扣 5 分			
	故障点找到，但无法排除		酌情扣分			
通电试车	不能正确操作工作过程	10	酌情扣分			

考核项目	考核内容	配分	扣分标准	自评	互评	师评
安全规范	不能安全用电，出现违规用电 不能安全使用仪表工具，存在安全隐患或产生不安全行为	5	扣 5 分 酌情扣分			
文明规范	操作过程不认真 擅自离开工位 导线、器材浪费大 考核结束后，工具元件未如数上交 考核结束后，工位收拾不干净	10	酌情扣分 每次扣 3 分 酌情扣分 酌情扣分 酌情扣分			
验收人意见			验收成绩			

2.5 项目拓展

水塔供水控制系统如图 2-30 所示，现对水塔供水系统进行改造，在原有连续运行的基础上增加点动控制功能，要求控制电路能实现对水泵的点动控制与连续运行直接切换。请根据本项目所学，重新分析系统功能，给出设计方案。

1. 设计思路

连续运转控制电路中，再添加一个复合按钮，将这个按钮的常开触点与原来的启动按钮常开触点并联，然后将这个按钮的常闭触点串联在自锁线路中。

控制电路原理图如图 2-31 所示。

2. 工作原理

（1）连续控制

① 启动：按下启动按钮 SB2，接触器线圈得电，KM 自锁触点闭合自锁，KM 主触点闭合，电动机 M 连续运转。

② 停止：按下停止按钮 SB1，KM 线圈失电，KM 自锁抽头分断解除自锁，KM 主触点分断，电动机 M 失电停转。

（2）点动控制

① 启动：按下点动按钮 SB3，点动按钮常闭触点先分断，切断自锁电路，点动按钮常开触点后闭合，KM 线圈得电，KM 自锁触点闭合自锁，KM 主触点闭合，电动机 M 得电运转。

② 停止：松开点动按钮 SB3，点动按钮常开触点先恢复分断，KM 线圈失电，点动按钮常闭触点后闭合，此时 KM 自锁触点已分断，KM 主触点分断，电动机 M 失电停转。

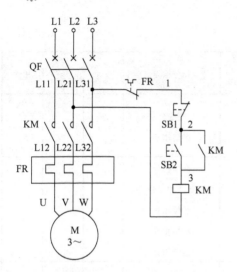

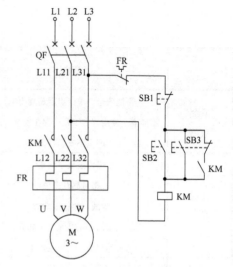

图 2-30　水塔供水系统控制电路原理图　　　　图 2-31　改造后水塔供水系统控制电路原理图

课后习题

一、填空题

1. 自动控制系统中用于发送控制指令的电器称为_____。

2. 自动空气开关具有_____、_____、_____、_____、_____。

3. 常用的低压电器是指工作电压在交流_____V 以下、直流_____V 以下的电器。

4. 按钮常用于控制电路，_____色表示起动，_____色表示停止。

5. 常开按钮：手指未按下时，触点是_____；当手指按下时，触点_____；手指松开后，在复位弹簧作用下触点又返回原位断开。它常用作_____按钮。

6. 常闭按钮：手指未按下时，触点是_____；当手指按下时，触点_____；手指松开后，在复位弹簧作用下触点又返回原位断开。它常用作_____按钮。

7. 熔断器的主要作用是_____ 。

8. 交流接触器是一种用来_____接通或分断_____电路的自动控制电器。

9. 多台电动机由一个熔断器保护时，熔体额定电流的计算公式为_____。

10. 电气原理图一般分为_____和_____两部分画出。

11. 电气控制系统图分为_____、_____和_____三类。

12. 接触器的额定电压是指_____上的额定电压。

13. 热继电器是利用_____来工作的电器。

二、选择题

1. 用来标明电气原理中各元器件的实际安装位置的图是（　　　）。

　　A. 电器元件布置图　B. 电气原理图　C. 控制系统图　D. 电气安装接线图

2. （　　）是电气原理图的具体实现形式，是用规定的图形符号按电器元件的实际位置和实际接线来绘制的。

　　A. 电器元件布置图　B. 电气原理图　C. 控制系统图　D. 电气安装接线图

3. 选择低压断路器时，额定电压或额定电流应（　　）电路正常工作时的电压和电流。

　　A. 小于　　　　　B. 大于　　　　　C. 不小于　　　　　D. 不大于

4. 交流接触器的作用是（　　）。

    A．频繁通断主回路　　B．频繁通断控制回路　　C．保护主回路　　D．保护控制回路

5. 熔断器的作用是（　　）。

    A．控制行程　　　　　B．控制速度　　　　　C．短路或严重过载　D．弱磁保护

6. 低压断路器的型号为 DZ10-100，其额定电流是（　　）。

    A．10A　　　　　　　B．100A　　　　　　　C．10~100A　　　　　D．大于 100A

7. 接触器的型号为 CJ10-160，其额定电流是（　　）。

    A．10A　　　　　　　B．160A　　　　　　　C．10~160A　　　　　D．大于 160A

8. 交流接触器在不同的额定电压下，额定电流（　　）。

    A．相同　　　　　　　B．不相同　　　　　　C．与电压无关　　　　D．与电压成正比

9. 下面（　　）不是接触器的组成部分。

    A．电磁机构　　　　　B．触点系统　　　　　C．灭弧装置　　　　　D．脱扣机构

10. 原则上热继电器的额定电流按（　　）。

    A．电机的额定电流选择　　　　　　　　B．主电路的电流选择

    C．控制电路的电流选择　　　　　　　　D．电热元件的电流选择

三、判断题

1. 低压电器是指在交流额定电压 1200V，直流额定电压 1500V 及以下的电路中起通断、保护、控制或调节作用的电器。（　　）

2. 主电路是从电源到电动机或线路末端的电路，是强电流通过的电路。（　　）

3. 熔断器在电路中既可作短路保护，又可作过载保护。（　　）

4. 刀开关安装时，手柄要向上装。接线时，电源线接在上端，下端接用电器。（　　）

5. 接触器按主触点通过电流的种类分为直流和交流两种。（　　）

6. 电气接线图中，同一电器元件的各部分不必画在一起。（　　）

7. 一台线圈额定电压为 220V 的交流接触器，不可以在交流 380V 的电源上使用。（　　）

8. 低压断路器是开关电器，不具备过载、短路、失压保护。（　　）

9. 热继电器的电流整定值是触点上流过的电流值。（　　）

10. 电气原理图中所有电器的触点都按没有通电或没有外力作用时的开闭状态画出。（　　）

四、设计题

1. 电气原理图中，说出 QS、FU、KM、QF、FR、SB 各代表什么电器元件，并画出各自的图形符号。

2. 简述交流接触器的工作原理。

3. 短路保护和过载保护有什么区别？

4. 电机起动时电流很大，为什么热继电器不会动作？

5. 绘制电气原理图的基本规则有哪些？

6. 在实际控制中，熔断器与热继电器能否互换使用？为什么？

五、设计题

设计一台电机控制电路，要求：该电机能单向连续运行，并且能实现两地控制。有过载、短路保护。

项目三
小车自动往返运行控制系统

3.1　项目引入

3.1.1　项目任务

在实际生产中，有些生产机械不仅能单方向运行，更多的是实现正反两个方向的运行，进一步观察，不难发现，其动力来源于电动机的正反转拖动。但有的情况下，某些生产机械运行到一定位置能够自动停止，然后再朝相反方向运行，这就是本项目要学习的实现生产机械的自动往返运行控制的方法。

某工作车间，有一运料小车在工作台上往返运行，如图 3-1 所示。

运动过程如下：按下左行启动按钮，小车左行，到达 A 位置小车停止左行，开始右行，到达 B 位置，小车停止右行，开始左行，如此在 A、B 两点间往返运行。

按下右行启动按钮，小车右行，到达 B 位置小车停止右行，开始左行，到达 A 位置，小车停止左行，开始右行，如此在 A、B 两点间往返运行。运动过程中按下停止按钮，小车停止运行。

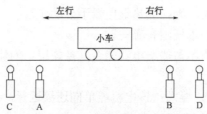

图 3-1　小车自动往返运行示意图

系统要求具有过载保护、短路保护、欠压保护、联锁保护功能，并具有限位保护环节（小车运行超过 A、B 两位置到达 C、D 极限位置能够强制停车），保证系统可靠、安全运行。

根据控制要求，设计一继电器接触器控制系统实现小车自动往返运行控制，合理选配元器件，绘制电气原理图，并按照工艺要求，进行线路连接，搭建系统，调试运行，实现上述功能。

3.1.2 项目分析

主要问题分析

① 动力系统选择。小车采用三相异步电动机进行拖动控制。

② 双向运行实现。小车左行、右行即要求电动机实现正反两个方向运转。

③ 保护环节的实现。通过具有相应保护功能的低压电器实现。短路保护、欠压保护、失压保护功能通过低压断路器实现；过载保护通过热继电器实现；同时应设有联锁保护环节。

④ 两点间运行实现。可在 A、B 两点安装位置开关进行位置控制，限制小车行程。

⑤ 自动往返。当小车行驶到 A 或者 B 位置，利用两个位置开关进行正转、反转自动切换（不需要手动切换）。

想一想

① 当同时按下左行启动按钮和右行启动按钮，小车如何运动？

② 小车左行、右行的启动条件、停止条件分别是什么？

查一查

查阅位置开关的相关资料，了解其作用、结构、原理和使用方法。

3.2 信息收集

3.2.1 常用低压电器——位置开关

1. 位置开关的作用

位置开关又称行程开关或限位开关，是一种常用的小电流主令电器，用以将机械位移信号转换成电信号，从而使电动机运行状态发生改变。位置开关主要作用如下。

① 检测。检测工件是否到位、刀具有无折断等。

② 控制。发出运动部件到位信号、加工完成信号以及其他联锁信号，以控制生产机械的行程、位置，改变其运动状态，即按一定行程自动停车、反转变速或自动往返。

③ 保护。用作极限位置保护及其他联锁保护等。

2. 位置开关的类型

位置开关可分为直动式（按钮式）、滚轮式（旋转式）。其外形如图 3-2 所示。

（a）直动式

（b）单滚轮式

（c）双滚轮式

图 3-2　常见位置开关外形

3. 位置开关的结构与原理

位置开关的结构由操作头、触点系统和外壳组成。具体结构如图 3-3 所示。

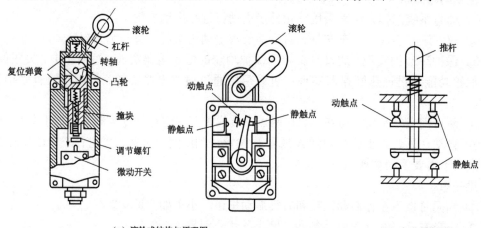

（a）滚轮式结构与原理图　　　　　　　　　（b）直动式原理图

图 3-3　位置开关结构与原理图

位置开关动作原理与按钮相似，不同的是其触点动作不是手动，而是利用生产机械运动部件的碰撞使其触点动作来实现接通或分断控制电路。当两者发生碰撞时，行程开关的动断触点断开，动合触点闭合。

4. 位置开关的型号含义如图 3-4 所示

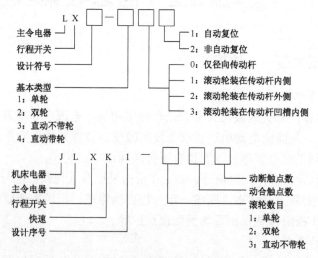

图 3-4　LX 系列位置开关型号含义

5. 位置开关的符号

位置开关图形符号如图 3-5 所示。

（a）常开触点　　　（b）常闭触点　　　（c）复合触点

图 3-5　位置开关图形符号

6. 位置开关的选用和安装

（1）位置开关的选用

① 根据应用场合及控制对象选择种类。

② 根据控制回路的额定电压和额定电流选择系列。

③ 根据安装环境选择防护形式。

（2）位置开关的安装

① 位置开关应紧固在安装板和机械设备上，不得有晃动现象。

② 位置开关安装时位置要准确，否则不能达到位置控制和限位的目的。

③ 定期检查位置开关，以免触点接触不良而达不到行程和限位控制的目的。

3.2.2　三相异步电动机正反转工作原理

1. 正反转控制原理

正转控制电路只能使电动机朝一个方向旋转，带动生产机械的运动部件朝着一个方向运动，但许多生产机械往往要求运动部件能向正反两个方向运动，这些生产机械要求能够实现电动机的正反转控制。

三相异步电动机的转动原理是定子绕组通三相交流电产生旋转磁场，使转子相对磁场运动切割磁力线，在转子导体产生感应电动势，继而受到电磁力的作用产生扭矩使转子转动。如果使旋转磁场的方向相反，那么在转子导体产生感应电动势的方向将相反，转子将受到相反的电磁力、产生相反的扭矩而向相反方向转动，这就实现了对电动机的正反转控制。具体原理可根据前述电动机转动原理自行分析。

要改变定子绕组产生的旋转磁场方向，只要改变通入电动机定子绕组的三相电源相序，即把接入电动机的三相电源进线中的任意两根对调接线，就能实现反向运转。如图 3-6 所示。

（a）正转　　　　　　　　　　　　　　　　（b）反转

图 3-6　电源进线图

想一想

正转进线如图 3-6（a）所示，除了图 3-6（b）所示的进线方式，还有哪种方式一样能实现电动机反转？

2. 正反转控制电路分析

（1）主电路分析

正反转控制主电路图如图 3-7 所示。由于采用同一三相电源进行供电，要实现三相异步电动机的正反转控制，需要两个交流接触器进行电源相序的切换。接触器 KM1 主触点闭合将三相电源的 L1、L2、L3 三相对应接至 3 组定子绕组 U、V、W 的首端，电动机正转；接触器 KM2 主触点闭合将三相电源的 L1、L2、L3 三相对应接至 3 组定子绕组 W、V、U 的首端，电动机反转。这样通过控制电路控制 KM1 和 KM2 的主触点分别闭合就能实现将接至电动机的三相电源线中的任意两相对调，从而实现电动机的正反转控制，换相前后电路示意图如图 3-8 所示。

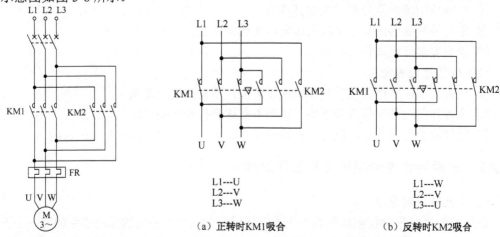

L1---U
L2---V
L3---W

L1---W
L2---V
L3---U

（a）正转时KM1吸合　　　　（b）反转时KM2吸合

图 3-7　正反转控制主电路　　　　　图 3-8　主电路换相示意图

（2）控制电路分析

单一方向运转控制电路如图 3-9（a）和图 3-9（b）所示，反转控制电路如图 3-9（b）所示，控制电路的一个作用是通过正反转按钮控制接触器线圈得电，继而控制主电路中的主触点闭合实现正转或反转，如图 3-9（c）所示。控制电路的另一个作用是在电动机过载时，通过热继电器的辅助动合触点断开控制电路，使接触器线圈失电，继而断开主电路中的接触器的主触点，使电动机停转。

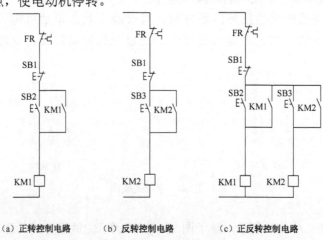

（a）正转控制电路　　　（b）反转控制电路　　　（c）正反转控制电路

图 3-9　正反转控制电路图

如果电动机正反转控制电路中的两个接触器 KM1、KM2 的线圈同时得电，那么主电路中两个接触器的主触点将同时闭合，这时会造成电动机三相电源的相间短路事故，如图 3-10 所示。所以控制电路必须确保两个接触器线圈在任何情况下不能同时得电，通常通过接触器互锁或按钮互锁的方式确保两个接触器线圈不能同时得电。

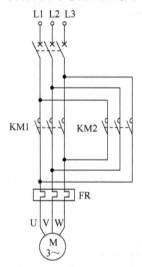

图 3-10　相间短路示意图

　　（3）互锁的概念

　　① 接触器互锁。

　　为了避免两接触器线圈同时得电而造成电源相间短路，在控制电路中，分别将两个接触器 KM1、KM2 的辅助动断触点串接在对方的线圈回路里，如图 3-11（a）控制电路部分。这种利用两个接触器（或继电器）的动断触点互相制约的控制方法叫做互锁 （也称联锁），而这两对起互锁作用的触点称为互锁触点。

　　② 按钮互锁。

　　所谓按钮互锁，就是将复合按钮动合触点作为启动按钮，而将其动断触点作为互锁触点串接在另一个接触器线圈支路中，如图 3-11（b）控制电路部分。这样要使电动机改变转向，只要直接按反转或正转按钮就可以实现。

　　③ 电气互锁和机械互锁。

　　电气互锁就是通过继电器、接触器的触点实现互锁，比如电动机正转时，正转接触器的触点切断反转按钮和反转接触器的电气通路。

　　机械互锁就是通过机械部件实现互锁，比如两个开关不能同时合上，可以通过机械杠杆，使得一个开关合上时，另一个开关被机械卡住无法合上。

　　电气互锁比较容易实现、灵活简单，互锁的两个装置可在不同位置安装，但可靠性较差。机械互锁可靠性高，但比较复杂，有时甚至无法实现。通常互锁的两个装置要在近邻位置安装。

　　（4）几种典型正反转控制电路

　　① 原理图。

　　典型正反转控制电路有接触器联锁正反转控制电路、按钮联锁正反转控制电路及接触器和按钮双重联锁控制电路，如图 3-11 所示。

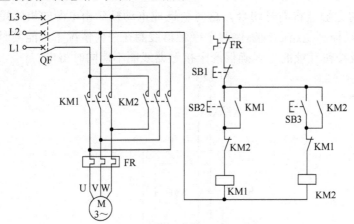

（a）接触器联锁正反转控制电路

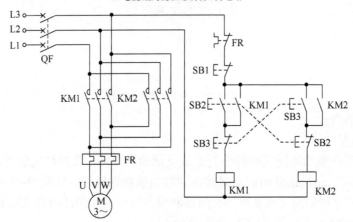

（b）按钮联锁正反转控制电路

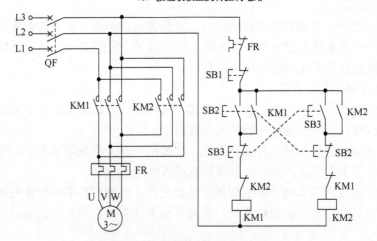

（c）接触器和按钮双重联锁正反转控制电路

图 3-11　典型正反转控制电路

② 接触器和按钮双重互锁正反转控制电路工作原理如下。

（a）正转控制过程如图 3-12 所示。

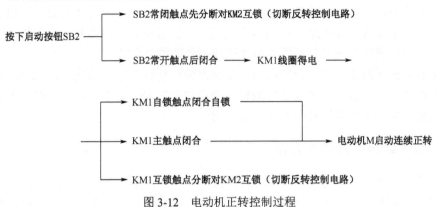

图 3-12 电动机正转控制过程

（b）反转控制过程如图 3-13 所示。

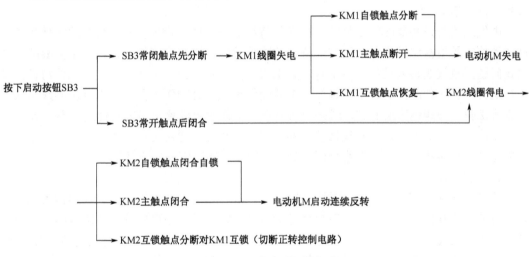

图 3-13 电动机反转控制过程

（c）停止控制过程如图 3-14 所示。

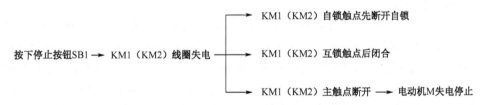

图 3-14 电动机停止控制过程

接触器互锁正反转控制电路和按钮互锁正反转控制电路的工作原理依照上述接触器和按钮双重互锁正反转控制电路的工作原理自行分析。

③ 三种典型正反转控制电路比较如下。

接触器互锁正反转控制电路的特点是当电动机从正转变为反转时，必须先按下停止按钮后，才能按反转启动按钮，否则由于接触器的互锁作用，不能实现反转。因此线路工作安全可靠，但操作不便。

按钮互锁正反转控制电路的特点是当电动机从正转变为反转时，因为接触器主触点被强烈的电弧"烧焊"在一起或者接触器机构失灵使衔铁卡死在吸合状态时，如果另一只接触器动作，就会造成电源短路。接触器常闭触点互相联锁时，能够避免这种情况下短路事故的发生。因此通常不能单独采用按钮互锁控制电动机正反转。

接触器和按钮双重互锁正反转电路，兼有前面两种控制电路的优点，在电动机转动过程中可以在任意时刻按下反转或正转按钮改变电动机转向。由于该电路同时采用了接触器和按钮互锁，电路工作更加安全可靠，故应用广泛。

3.2.3 电气线路故障检修方法

电气线路连接完毕，要对电气线路进行检查。确保接线无误的前提下，方可接通电源，进行通电试验。通电后，根据原理图对照控制功能进行调试运行，观察是否实现控制要求。若发生运行故障或者设备故障，应根据故障现象进行检修，并最终排除故障，恢复正常功能。

电气线路与设备故障较常见的是具有外特征的直观性故障与没有外特征的隐性故障。直观性故障的检修比较简单，没有外特征的隐性故障，检修难度较大，也是主要故障，其主要问题在电气线路或设备元件本身。如电器元件调整不当、损坏，或电器元件与机械操作杆配合不当（如磨损）、松动错位，电器元件机械部分动作失灵，触点及压接线头接触不良或松脱，导线绝缘层磨破，线路连接有误，元件参数设置不当或元件选择不当等。

无论哪一种类型故障，其检修故障的思路基本相同，通常可以采用以下的顺序来查找故障元件：观察故障现象→电路分析与测量→缩小故障范围→确定故障点。

1. 观察故障现象

通过直观性检查，主要方法是问、闻、看、听、摸等。通过调查研究，通常可以将具有外特征的直观性故障找出来，对较熟悉的电气线路与设备还可以确定故障范围。如电动机和电器明显发热、冒烟、散发焦臭味，线圈变色、接触点产生火花或异常，熔断器断开，断路器跳闸等。这类故障往往是电动机的电气绕组过载，线圈绝缘下降或击穿损坏，机械阻力过大或机械卡死，短路或接地所致。

2. 电路分析与测量

对于复杂的电气线路与设备检修，应根据电气控制关系与原理图，分析确定故障的范围，查找故障点。电气线路与设备的电路总是由主电路和控制电路两部分组成，主电路故障一般较简单、直观，易于查找，其复杂性主要表现在控制电路上。进行故障检修时，应根据故障现象结合电气原理图与控制关系，确定有故障可能的单元或环节，再根据主电路的连线特征，如正反转的换相连线、降压启动的星形—三角形连线、调速电阻与变频器连线，还可根据电器辅助点的连锁连线查找相应的电器与单元，在此基础上，用仪表仪器对电气设备进行检查，根据仪表测量某些电参数的大小，经与正常数据对比后，来确定故障原因和部位。常用的方法有电压法和电阻法。

① 电压法。应用电压法来检修电气线路，即分段测量线路上低压电器两端的电压或指定线路两端电压并和正常工作

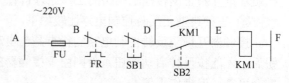

图 3-15 电动机长动控制电路

电压进行比较，进而判断故障所在。若电路中无故障，电压法测量如图 3-15 所示控制电路结果见表 3-1。

表 3-1　电压法测量电压值（V）

测试状态	AF	AB	AE	BD	DE	BF	DF	EF
KM 吸合	220	0	0	0	0	220	0	220
KM 释放	220	0	220	0	220	220	220	0

若 KM 吸合，$U_{AF}=220V$，$U_{EF}=0V$，$U_{AE}=220V$，说明 AE 间存在故障，线路不导通。

② 电阻法。断开电源后，用万用表欧姆挡测量相关支路或电器元件电阻值。若所测量电阻值与表 3-2 所示的要求电阻值相差较大，则该部位可能就是故障点。

表 3-2　电阻法测量电阻值（Ω）

检测目的	检测步骤	AD	DE	DG	DF	DH	AI
正转回路	按下 SB2	0	0	—	0	—	650
反转回路	按下 SB3	0	—	0	—	0	650
正转自锁	按下 SB2，测 KM1 两端	—	0	—	—	—	—
反转自锁	按下 SB3，测 KM2 两端	—	—	0	—	—	—
正转回路中互锁	按下 SB2	—	—	—	0	—	0
	吸合 KM2	—	—	—	∞	—	∞
反转回路中互锁	按下 SB3	—	—	—	—	0	0
	吸合 KM1	—	—	—	—	∞	∞

3. 逐渐缩小故障范围

经过直观检查未找到故障点时，可通电试验控制电路的动作关系，逐块排查故障以查找故障点。例如，按工艺要求操作某些按钮、开关、操作杆时，线路中相应的交流接触器、继电器应按规定的动作关系工作。否则，就是与不动作的电器或动作关系相关联的电路有故障，或该电器本身有问题。应先检查不动作的电器是否有问题，如线圈损坏、触点磨损、变速手柄经常受冲击磨损等。其次再对相关联的电路进行逐项分析与检查，故障通常即可被查出。

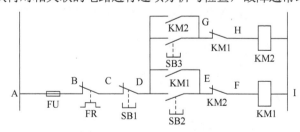

图 3-16　电动机正反转控制电路

例如：在图 3-16 中，若检测 $R_{AD}=0$，按下 SB2，检测到正转回路电阻接近无穷大（即 $R_{AI}=\infty$），说明正转支路 DI 段存在断路；缩小故障范围，进一步检测，自锁正常，$R_{DF}=0$，说明 FU 至 KM1 线圈进线之间线路无故障，已知各低压电器无故障，可判定

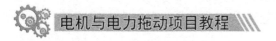

KM1 线圈出线存在断路。

3.3 项目实施

3.3.1 电气控制系统图设计与绘制

1. 电气原理图设计

（1）主电路设计

通过项目分析可知，工作台的前进与后退是通过控制电动机转子的正转或反转实现的，故工作台自动往返控制电路的主电路就是典型的电动机正反转控制主电路，电路如图 3-17 所示。

（2）控制电路设计

采用典型的接触器和按钮双重互锁正反转电路的控制电路，则只能实现工作台的手动前进与后退，通过项目分析可知，工作台在前限位和后限位要实现自动往返、在前极限位和后极限位要实现终端保护，需要在 4 个限位位置各安装一个行程开关作为工作台到位检测元件。前限位行程开关的常开触点应该作为工作台后退（即电动机反转）的启动信号，而后限位行程开关的常开触点应该作为工作台前进（即电动机正转）的启动信号。

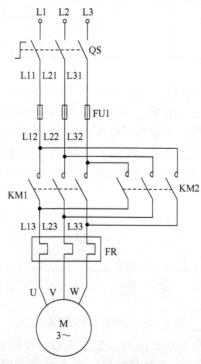

图 3-17　正反转控制主电路

小车运行控制示意图如图 3-18 所示，其中 SQ1 为前限位行程开关、SQ2 为后限位行程开关、SQ3 为前极限位行程开关、SQ4 为后极限位行程开关。

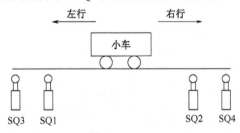

图 3-18　小车运行控制示意图

为了电路安全可靠，也可以采用前、后限位行程开关的常闭触点互锁的形式。前极限位和后极限位行程开关的作用是在工作台达到限位位置时切断正转或反转控制电路，因此可以通过将对应行程开关常闭触点串联在正转或反转控制电路分支中的形式进行互锁。

送料小车控制条件见表 3-3。

表 3-3　送料小车控制条件

运 行 状 态	启 动 条 件	停 止 条 件	自 锁	互 锁
小车左行 （KM1 控制 M 正转）	SB2、SQ2	FR、SB1、SQ1、SQ3	KM1	KM2
小车右行 （KM2 控制 M 反转）	SB3、SQ1	FR、SB1、SQ2、SQ4	KM2	KM1

在控制电路中，启动条件一般采用常开触点进行控制，停止条件一般采用常闭触点。

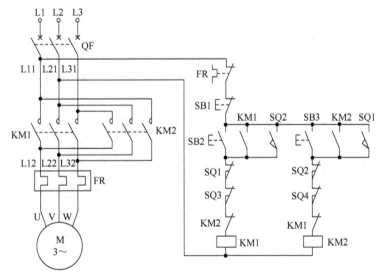

图 3-19　断路器控制的小车自动往返系统电气原理图

在控制系统中需要对一台电动机实现两地或两地以上多地控制，多个启动条件即可采用多个常开触点并联实现，多个停止条件即可采用多个常闭触点串联实现，如此即可实现多地控制。

设计电路如图 3-19（断路器控制）和图 3-20（刀开关和熔断器控制）所示。

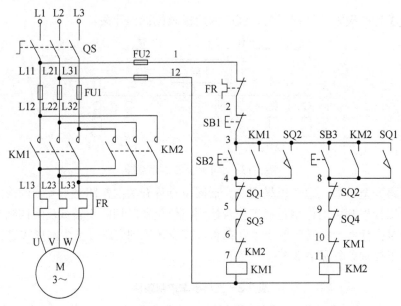

图 3-20　刀开关控制的小车自动往返系统电气原理图（含编号）

（3）线路编号原则

电动机绕组侧采用 U、V、W 表示电机绕组。三相电源至电机间按相序逐级编号，如电源引入线为 L1、L2、L3，经过第一级低压电器出线编号为 L11、L21、L31，经过第二级低压电器出线编号依次为 L12、L22、L32，第一位数字表示相序，第二位数字表示经过几级低压电器，依此类推，编号如图 3-19 和图 3-20 所示。

2. 元器件布局图绘制

根据电气原理图进行元器件布置，布置原则为：元器件间距合适，走线方便，导线尽量不交叉，便于实际安装与检修。图 3-21 给出的实验室元器件布置图仅供参考。

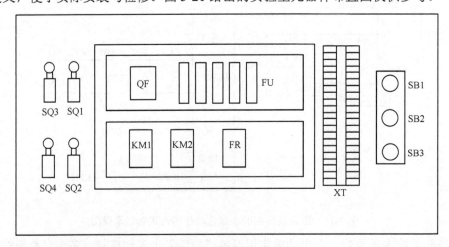

图 3-21　元器件布局图

3. 电气安装接线图绘制

根据电气原理图和元器件布局图，绘制刀开关控制的小车自动往返系统电气安装接线图，如图 3-22 所示。

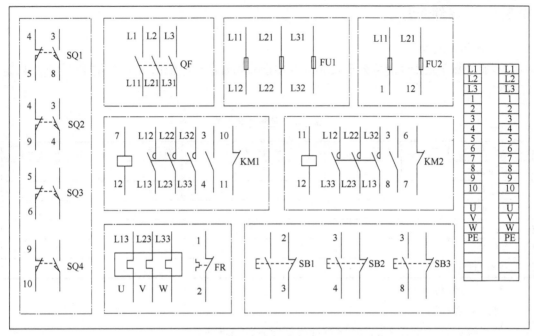

图 3-22 小车自动往返控制系统电气安装接线图

3.3.2 仿真实训

本项目采用仿真实训一体化教学手段。电路安装前，学生利用多媒体仿真软件反复进行仿真接线、故障检测与排除，在确保学生对电路熟练掌握后再进行实训操作。

仿真实训环境要求：计算机机房，每人 1 台安装仿真软件的计算机。

仿真实训步骤如下。

① 按照原理图进行仿真接线，如图 3-23 所示。

② 仿真运行。

（a）合上电源开关 QF。

（b）按下 SB2、SB3 进行电动机运行操作。

（c）按下 SB1 进行电动机停止运行操作。

③ 仿真连线达标后方可进行实际操作。

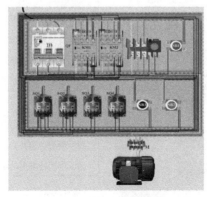

图 3-23 电气仿真接线

3.3.3 元器件选型

1. 元器件选型

本项目所需元器件清单列于表 3-4,其中型号和规格一栏依据实际选用的型号和规格自行填写。

表 3-4 元器件明细表

名　称	符　号	型　号	规　格	数　量	作　用
低压断路器					
交流接触器					
热继电器					
按钮					
行程开关					
三相异步电动机					

2. 元器件检查

（1）外观检查

外观检查方法见表 3-5。将检查结果记录在表 3-5 中。

表 3-5 外观检查方法及结果记录表

名　称	代　号	图　示	检查步骤及结果
熔断器	FU		1. 看型号中的熔断器额定电流是否符合标准 2. 看外表是否破损 3. 看接线座是否完整 检查结果:
空气断路器	QF		1. 看型号中的额定电流是否符合标准 2. 看外表是否破损 3. 看接线座是否完整,有无垫片 检查结果:
交流接触器	KM		1. 看型号中的额定电流、额定电压是否符合标准 2. 看外表是否破损 3. 看触点动作是否灵活、有无卡阻 4. 看触点结构是否完整、有无垫片 检查结果:
电动机	M		1. 看型号中的额定电流、额定电压、接线方式是否符合标准 2. 看有无垫片,或接线柱是否松动 3. 手动检查电动机转动是否灵活 检查结果:

续表

名 称	代 号	图 示	检查步骤及结果
按钮	SB		1. 看型号是否符合标准 2. 看外表是否破损 3. 看触点动作是否灵活、有无卡阻 4. 看触点结构是否完整、有无垫片
			检查结果：
热继 电器	FR		1. 看型号是否符合标准 2. 看外表是否破损 3. 看触点结构是否完整、有无垫片
			检查结果：
行程 开关	SQ		1. 看型号是否符合标准、端口数是否够 2. 看外表是否破损 3. 看触点结构是否完整、有无垫片
			检查结果：

（2）万用表检测

万用表检测方法见表 3-6。将检测结果记录在表 3-6 中。

表 3-6　万用表检测方法及检测结果记录表

名 称	代 号	图 示	检测步骤及结果
熔断器	FU		万用表拨至 R×1Ω 挡，依次测量上下接线座之间电阻。正常阻值接近 0，若为无穷大∞，则熔体接触不良或熔体烧坏
			检测结果：
空气断路器	QF	QF	万用表拨至 R×1Ω 挡，依次测量 QF 上下对应触点电阻，阻值为∞，合上 QF，阻值接近 0，说明断路器正常
			检测结果：

续表

名　称	代　号	图　示	检测步骤及结果	
交流接触器	KM		线圈	万用表拨至 R×100Ω 挡，测线圈电阻，若阻值在 1~2kΩ 之间，正常；若阻值为∞，则线圈断
				检测结果：
			触点	万用表拨至 R×1Ω 挡，测量动断（动合）触点，正常阻值为 0（∞），手动吸合 KM，阻值变为∞（0）
				检测结果：
电动机	M	W_2　U_2　V_2　U_1　V_1　W_1	万用表拨至 R×1Ω 挡，测量 U、V、W 三相间电阻，正常为∞，再分别测 U_1-U_2、V_1-V_2、W_1-W_2 各相线圈阻值，若阻值在 1~2kΩ 之间，正常；若阻值为∞，则该相线圈断。用兆欧表检测电动机绕组对外壳绝缘电阻应大于 0.5MΩ	
			检测结果：	
按钮	SB		万用表拨至 R×1Ω 挡，测量动断（动合）触点，正常阻值为 0（∞），手动按下按钮，阻值变为∞（0）	
			检测结果：	
热继电器	FR		热元件	万用表拨至 R×1Ω 挡，测热元件触点电阻，正常时接近 0
				检测结果：
			动断触点	万用表拨至 R×1Ω 挡，测动断触点电阻，正常时接近 0，手动模拟过载（按下红色按钮），阻值变为∞，按下复位按钮，又恢复为 0，则良好
				检测结果：
行程开关	SQ		万用表拨至 R×1Ω 挡，测量动断（动合）触点，正常阻值为 0（∞），手动按下按钮，阻值变为∞（0）	
			检测结果：	

3.3.4 系统安装与调试

1. 清点工具和仪表

小车自动往返运行控制系统安装与调试所需工具和仪表,记录在表 3-7 中。

表 3-7 工具统计表

工 具 名 称	规 格 型 号	数 量	工 具 名 称	规 格 型 号	数 量
钢丝钳			一字螺丝刀		
剥线钳			十字螺丝刀		
尖嘴钳			万用表		

2. 安装元器件

检测好元器件后,将元器件固定在实训安装板的卡轨上,安装示意图如图 3-24 所示。注意元器件要按照电气元器件布置图来安装,保证各个元器件的安装位置间距合理、均匀,元器件安装要平稳且注意安装方向。

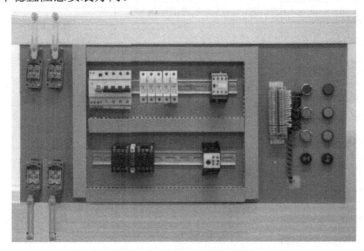

图 3-24 元器件安装示意图

3. 布线

总体要求:导线出入进行线槽、横平竖直、转角直角、长线沉底、走线成束、同面不交叉、可靠、美观。

具体布线按照以下原则进行线路连接。

① 引出导线走向。电气元件水平中心线以上端子引出线进入元件上面行线槽,电气元件水平中心线以下端子引出线进入元件下面行线槽,不允许从水平方向进入行线槽。

② 除特殊情况限制,导线必须经过行线槽进行连接;行线槽内装线不超过容量的 70%,装线要完全置于槽内且避免在内部交叉。

③ 连接至行线槽的外漏导线要横平竖直,变换走向时垂直;外漏导线不要交叉;同一元件位置一致,且引出导线尽量置于同一平面。

④ 导线接头上应套有与电路图上相应接点线号一致的编码套管,按线号进行连接。

⑤ 一般一个接线端子上最多连接两根导线,专门设计的端子除外。

⑥ 软导线必须要压接端子,压接要牢固,不得有毛刺,硬导线要绕成合适的羊眼圈或

直接头，与接线端子连接时，不得压绝缘层，漏铜不得超过 2mm，导线中间不允许有接头。

4. 自检

线路连接后，必须进行检查。

① 检查布线。按照电路图上从左到右的顺序检查是否存在掉线、错线，是否存在漏编、错编线号，是否存在接线不牢固。

② 使用万用表检查。使用万用表电阻挡位按照电路图检查是否有错线、掉线、错位、短路等。检测过程见表 3-8。将检测过程记录在表 3-8 中。

表 3-8　万用表检测电路过程及结果记录表（挡位：R×100Ω）

测量任务	测量过程			正确阻值	测量结果
	测量数据	工序	操作方法		
测量主电路	接上电动机，分别测量QF 出线端处任意两相之间的阻值	1	所有器件不动作	∞	
		2	手动 KM1	电动机 M 两相定子绕组阻值之和	
		3	手动 KM2	电动机 M 两相定子绕组阻值之和	
		4	手动 FR	阻值变为∞	
测量控制电路	接上电动机，测量控制电路引至 QF 任选两相出线端处的阻值	5	所有器件不动作	∞	
		6	按下前进启动按钮后，不动作	接触器线圈阻值，约为 1～2 kΩ	
		7	接续工序 6，再按下停止按钮	阻值变为∞	
		8	接续工序 6，再按下后退停止按钮	阻值变为∞	
	断开KM1 线圈出线端的导线，测量停止按钮出线端和KM1 线圈出线端之间阻值	9	所有器件不动作	∞	
		10	手动 KM1	接触器线圈阻值，约为 1～2kΩ	
		11	接续工序 10，手动 KM2	∞	
		12	手动 KM2	接触器线圈阻值，约为 1～2kΩ	
		13	接续工序 10，手动 SQ2	接触器线圈阻值，约为 1～2kΩ	
		14	接续工序 10，手动 SQ3	∞	
	断开 KM2 线圈出线端的导线，测量停止按钮出线端和KM1 线圈出线端之间阻值	15	所有器件不动作	∞	
		16	手动 KM2	接触器线圈阻值，约为 1～2kΩ	
		17	接续工序 10，手动 KM1	∞	
		18	手动 KM2	接触器线圈阻值，约为 1～2kΩ	
		19	接续工序 10，手动 SQ1	接触器线圈阻值，约为 1～2kΩ	
		20	接续工序 10，手动 SQ4	∞	

以上检测方法仅供参考，使用万用表检测电路过程不唯一，可自行采用其他检测过程。

5. 通电试车

电路检测完毕后，盖好线槽盖板，准备通电试车。严格按照以下步骤进行通电试车。

① 一人操作，同时提醒组内成员及周围同学："注意！要通电了!"

② 通电操作过程。合上实验台上 QF，接通三相电源→合上实训安装板上 QF，安装电

路接通三相电源→按下正转启动按钮→电动机连续正转（工作台前进）→手动前限位行程开关 SQ1→电动机由正转变为反转（工作台后退）→手动后限位行程开关 SQ2→电动机又由反转变为正转（工作台前进）→手动行程开关 SQ3→电动机停转→再次按下后进启动按钮→电动机反转（工作台后退）→手动行程开关 SQ4→电动机停转→按下前进启动按钮→电动机正转（工作台前进）→按下停止按钮→电动机停转→断开实训安装板上 QF，切断安装电路的三相电源→断开实验台上 QF，切断三相电源。

③ 故障分析与排除。

（a）通电观察故障现象，停电检修，并验电，确保设备及线路不带电。

（b）挂"禁止合闸、有人工作"警示牌。

（c）按照电气线路检查方法进行检查，一人检修，一人监护。具体方法参见"3.2.3 电气线路故障检修方法"部分内容。

（d）执行"谁停电谁送电"制度。

注意： 必须在老师现场监护下进行通电试车！

3.4 项目评价

对整个项目的完成情况进行综合评价和考核，具体评价规则见表 3-9 的项目验收单。

表 3-9 项目三验收单

第_____组　　　　第一负责人_____　　参与人_____

项目名称_____

验收日期_____年_____月_____日

考核项目	考核内容	配分	扣分标准	自评	互评	师评
先期检测	元器件漏检、错检	5	每个扣 1 分			
布局安装	元器件布局不合理	5	每处扣 2 分			
	安装不牢固		每处扣 2 分			
	元器件有损坏		酌情扣分			
线路敷设	不按电路图接线	45	酌情扣分			
	主电路接线有错误		每处扣 3 分			
	控制电路接线有错误		每处扣 2 分			
	布线不合理（每个接点线数不超过 3 根）		每处扣 1 分			
	有意损坏导线绝缘或线芯		每根扣 2 分			
	接线压胶、反圈、露铜		每一处扣 2 分			
故障排查	万用表挡位选择错误	20	扣 3 分			
	仪表、工具使用不当		每次扣 2 分			
	排查顺序混乱		扣 5 分			
	故障点找到，但无法排除		酌情扣分			

续表

考核项目	考核内容	配分	扣分标准	自评	互评	师评
通电试车	不能正确操作工作过程	10	酌情扣分			
安全规范	不能安全用电,出现违规用电 不能安全使用仪表工具,存在安全隐患或产生不安全行为	5	扣5分 酌情扣分			
文明规范	操作过程不认真 擅自离开工位 导线、器材浪费大 考核结束后,工具元件未如数上交 考核结束后,工位收拾不干净	10	酌情扣分 每次扣3分 酌情扣分 酌情扣分 酌情扣分			
验收人意见			验收成绩			

3.5 项目拓展

　　小型工厂生产规模小,对机械设备自动化程度要求不高,从节省投资和易于维修方面考虑,对于生产机械的自动控制,可以选用结构简单、价格低廉而又易于维护的继电器接触器控制系统。对于工厂里安装有多台电动机的生产机械来说,各个电动机所起作用不同,在实施控制时往往需要按照一定的顺序启动或停止,才能保证生产机械操作过程的合理性和安全可靠性。有些机器设备需要先启动辅机,然后再启动主机。而停机时则相反,先停止主机,然后才能停止辅电动机。像有些车床先启动油压机,后启动主电动机。这种让多台电动机按事先约定的步骤依次工作,称为顺序控制,在实际生产中有着广泛的应用。本部分重点学习两台电动机的顺序控制,即按一定的顺序启动;或按一定的顺序停止。

　　某铁路物流中心采用传送带 1 和传送带 2 运输货物,两个传送带分别由两台电动机 M1 和 M2 拖动。两个传送带的控制要求为:启动时,传送带 1 启动后,传送带 2 才能启动;停止时, 传送带 2 停止后,传送带 1 才能停止。请设计出继电器接触器控制电路,实现对两个传送带的控制,绘制电路原理图、元件布局图及电气安装接线图。

　　图 3-25 所示电路是同时进行顺序启动和顺序停止的控制线路。

　　顺序启动过程中,由于 KM1 常开触点和 KM2 线圈相串接,所以启动时必须先按下启动按钮 SB2，使 KM1 线圈通电，M1 先启动运行后；再按下启动按钮 SB4，M2 方可启动运行，M1 不启动 M2 就不能启动，也就是说按下 M1 的启动按钮 SB2 之前，先按 M2 的启动按钮 SB4 将无效。

顺序停止过程中，由于 KM2 的常开触点与停止按钮 SB1 并接，所以停车时必须先按下 SB3，使 KM2 线圈断电，将 M2 停下来以后，再按下 SB1，才能使 KM1 线圈失电，继而使 M1 停车，M1 不停止 M2 就不能停止，也就是说按下 M2 的停止按钮 SB3 之前，先按 M1 的停止按钮 SB1 将无效。

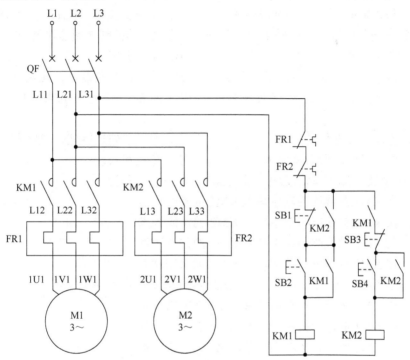

图 3-25 顺序启动和顺序停止控制原理图

课后习题

一、填空题

1. 位置开关又称_____或_____，用以将_____信号转换成____信号，从而使电动机运行状态发生改变。

2. 位置开关属于_____电器，主要作用有：_____、_____、_____。

3. 位置开关的类型包括_____式和_____式。

4. 小车的往返运动实际上可转化为电动机的_____控制。

5. 通过_____就能实现反向运转。

6. 常见的控制电路互锁包括_____、_____和_____三种。

7. _____就是将复合按钮动合触点作为启动按钮，而将其动断触点作为互锁触点串接在另一个接触器线圈支路中。

8. 应用万用表进行电气线路检测可一般采用_____法和_____法，_____法需要上电测量，_____必须断电测量。

9. 行程开关的代号是_____，其触点动作需要机械设备与行程开关发生_____。此时，动合触点_____，动断触点_____。

10. 小车自动往返运动控制中，SQ1 若作为左行的停止条件，同时又为右行的____条件。

二、选择题

1. 在控制电路中，如果两个常开触点串联，则它们是（   ）。
    A. 与逻辑关系   B. 或逻辑关系   C. 非逻辑关系   D. 与非逻辑关系

2. 在机床电气控制电路中采用两地分别控制方式，其控制按钮连接的规律是（   ）。
    A. 全为串联   B. 全为并联
    C. 启动按钮并联，停止按钮串联   D. 启动按钮串联，停止按钮并联

3. 三相异步电动机在运行时出现一相电源断电，对电动机带来的影响主要是（   ）。
    A. 电动机立即停转   B. 电动机转速降低、温度升高
    C. 电动机出现振动及异声   D. 电动机反转

4. 欲使接触器 KM1 动作后接触器 KM2 才能动作，需要（   ）。
    A. 在 KM1 的线圈回路中串入 KM2 的常开触点
    B. 在 KM1 的线圈回路中串入 KM2 的常闭触点
    C. 在 KM2 的线圈回路中串入 KM1 的常开触点
    D. 在 KM2 的线圈回路中串入 KM1 的常闭触点

5. 欲使接触器 KM1 断电返回后接触器 KM2 才能断电返回，需要（   ）。
    A. 在 KM1 的停止按钮两端并联 KM2 的常开触点
    B. 在 KM1 的停止按钮两端并联 KM2 的常闭触点
    C. 在 KM2 的停止按钮两端并联 KM1 的常开触点
    D. 在 KM2 的停止按钮两端并联 KM1 的常闭触点

6. 欲使接触器 KM1 和接触器 KM2 实现互锁控制，需要（   ）。
    A. 在 KM1 的线圈回路中串入 KM2 的常开触点
    B. 在 KM1 的线圈回路中串入 KM2 的常闭触点
    C. 在两接触器的线圈回路中互相串入对方的常开触点
    D. 在两接触器的线圈回路中互相串入对方的常闭触点

7. 电机正反转运行中的两接触器必须实现相互间（   ）。
    A. 联锁   B. 自锁   C. 禁止   D. 记忆

8. 能用来表示电机控制电路中电气元件实际安装位置的是（   ）。
    A. 电气原理图   B. 电气布置图   C. 电气接线图   D. 电气系统图

9. 改变交流电动机的运转方向，调整电源采取的方法是（   ）。
    A. 调整其中两相的相序   B. 调整三相的相序
    C. 定子串电阻   D. 转子串电阻

10. 三相异步电动机要想实现正反转，需（   ）。
    A. 调整三相中的两相   B. 三相都调整

C．接成星形   D．接成三角形

三、判断题

1．位置开关动作原理与按钮相似，不同的是其触点动作不是手动，而是利用生产机械运动部件的碰撞，使其触点动作来实现接通或分断控制电路。（   ）

2．检修电路时，电机不转而发出嗡嗡声，松开时，两相触点有火花，说明电机主电路一相断路。（   ）

3．正在运行的三相异步电动机突然一相断路，电动机会停下来。（   ）

4．在控制电路中，额定电压相同的线圈允许串联使用。（   ）

5．在正反转电路中，用复合按钮能够保证实现可靠联锁。（   ）

6．在点动电路、可逆旋转电路等电路中，主电路一定要接热继电器。（   ）

7．刀开关可以频繁接通和断开电路。（   ）

8．行程开关可以作电源开关使用。（   ）

9．电动机正反转控制电路为了保证启动和运行的安全性，要采取电器上的互锁控制。（   ）

10．多地控制电路中，各地启动按钮的常开触点并联连接，各停止按钮的常闭触点并联连接。（   ）

四、简答题

1．控制系统常用的保护环节有哪些？各用什么低压电器实现？

2．电气控制线路检修的方法有哪几种？

3．电动机"正—反—停"控制线路中，复合按钮已经起到了互锁作用，为什么还要用接触器的常闭触点进行联锁？

4．画出双重联锁正反转控制线路图，并叙述其工作原理，要求带有必要的保护措施。

五、设计题

1．某机床的液压泵电动机 M1 和主电机 M2 的运行情况，有如下的要求。

① 必须先启动 M1，然后才能启动 M2。

② M2 可以单独停转。

③ M1 停转时，M2 也应自动停转。

2．在水塔的人工控制中，由于水泵电动机的启动和停止都必须人工手动操作，不能排除由于没有及时关机、开机而造成的水塔溢水和供水系统停水的可能，因此，在拓展训练中，请你完成水塔自动供水系统的设计。即在无人操作的情况下，供水系统在水塔水位低于某一下限位置时，电气控制系统能自动启动水泵电动机，不断地向水塔供水，直到水位上升到某一上限位置，控制系统能自行停转水泵电动机。

项目四

风机启动控制系统

知识目标

1. 掌握三相异步电动机星形—三角形降压启动的工作原理。
2. 掌握时间继电器的原理及接线方法。
3. 掌握时间继电器控制的星形—三角形降压启动控制线路的接线方法。
4. 掌握时间继电器控制的星形—三角形降压启动控制线路简单故障的排除方法。

技能目标

1. 能够根据要求设计风机启动运行系统。
2. 能够绘制电气原理图、安装接线图。
3. 能够正确使用工具完成风机启动运行控制电路的接线，并能进行线路故障检修。

4.1 项目引入

4.1.1 项目任务

风机广泛用于工厂、矿井、隧道、冷却塔、车辆、船舶和建筑物的通风、排尘和冷却；锅炉和工业炉窑的通风和引风；空气调节设备和家用电器设备中的冷却和通风；谷物的烘干和选送；风洞风源和气垫船的充气和推进等，常见的风机类型如图4-1所示。

本项目的任务为设计一个三相异步电动机降压启动系统，用以驱动风机运行。

(a)   (b)

图 4-1 常见风机

4.1.2 项目分析

风机通常由一台三相异步电动机进行拖动，而三相异步电动机启动过程中，会产生很大的感应电流，约为电动机额定电流的 5~7 倍。过大的启动电流会产生很多危害，如造成电网电压下降，启动冲击过大，加速元器件老化等。因此，当风机功率大于 11kW，或者所在电网容量不足时，往往需要进行降压启动，以减小启动电流。

降压启动又称为减压启动，是指利用启动设备将电源电压适当降低后，加到电动机的定子绕组上进行启动，待电动机转速提高后，再使其电压恢复到额定值，从而正常运行。

降压启动虽然能够起到降低电动机启动电流的目的，但同时也会导致电动机启动转矩减小很多，故降压启动一般适用于电动机空载或者轻载启动。常见的降压启动方式有定子绕组串电阻（电抗）降压启动、自耦变压器降压启动和星形—三角形降压启动。

三相异步电动机的连接方式有两种：星形连接（Y）和三角形连接（△），如图 4-2 所示。三相负载可以星形连接，也可以三角形连接，其接法根据负载的额定电压（相电压）与电源电压（线电压）的数值而定，使每相负载所承受的电压等于额定电压。

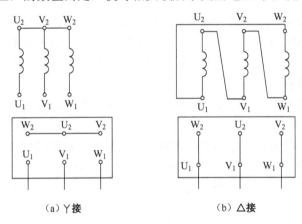

（a）Y接　　　　　　　（b）△接

图 4-2　电动机的接法

对于接在电源电压为 380V 的三相负载来说，当星形连接时，每相负载承受的电压是 220V；当三角形连接时，每相负载承受的电压是 380V。此时，启动电流为直接采用三角形连接时的 1/3，对降低启动电流很有效。此法的最大优点是所需设备较少、成本低、效果明显可靠，所以得到了广泛的应用。但此法只能用于正常运行时为三角形连接的电动机，因此我国生产的 JO2 系列、Y 系列、Y2 系列三相笼型异步电动机，凡功率在 4kW 以上者，正常运行时均采用三角形连接。

本项目重点介绍三相异步电动机星形—三角形降压启动控制线路的有关问题。

4.2　信息收集

4.2.1　时间继电器的识别与检测

1. 时间继电器的用途和符号

时间继电器是一种按照时间顺序进行控制的继电器。其从得到输入信号（线圈通电或断电）起，经过一段时间的延时后，才输出信号（触点的闭合或断开），广泛用于电气控制系统中。时间继电器常见的种类有电动式和晶体管式、电磁式、空气阻尼式，如图 4-3 所示。

（a）晶体管式　　　　　　　　（b）数字显示式　　　　　　　　（c）空气阻尼式

图 4-3　时间继电器

电动式时间继电器的原理与钟表类似，它是由内部电动机带动减速齿轮转动而获得延时的。这种继电器延时精度高，延时范围宽（0.4~72h），但结构比较复杂，价格很贵。

晶体管式时间继电器又称为电子式时间继电器，它是利用延时电路来进行延时的。这种继电器精度高，体积小。

电磁式时间继电器延时时间短（0.3~1.6s），但它结构比较简单，通常用在断电延时场合和直流电路中。

空气阻尼式时间继电器又称为气囊式时间继电器，它是根据空气压缩产生的阻力来进行延时的，其结构简单，价格便宜，延时范围大（0.4~180s），但延时精确度低。JS7 系列空气阻尼式时间继电器主要由电磁系统、触点系统、空气室、传动机构和基座等组成，如图 4-4 所示。

下面以空气阻尼式时间继电器为例来说明时间继电器的工作原理。

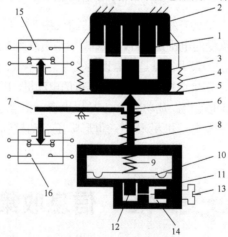

1—线圈；2—铁芯；3—衔铁；4—反力弹簧；5—推板；6—活塞杆；

7—杠杆；8—塔型弹簧；9—弱弹簧；10—橡皮膜；11—空气室壁；

12—活塞；13—调节螺杆；14—进气孔；15、16—微动开关

图 4-4　JS7 系列空气阻尼式时间继电器结构

工作原理：当线圈 1 通电后，衔铁 3 连同推板 5 被铁芯 2 吸引向上吸合，在空气室 10

内与橡皮膜 9 相连的活塞杆 6 在塔形弹簧 8 作用下也向上移动，由于橡皮膜向上运动时，橡皮膜下方空气室的空气稀薄形成负压，起到空气阻尼作用，因此活塞杆只能缓慢向上移动，其移动的速度由进气孔 12 大小而定，可通过调节螺钉 11 进行调整。经过一段延时时间，活塞 13 才能移到最上端，并带动活塞杆上移，并通过杠杆 15 压动下面微动开关 14，使其常闭触点断开，常开触点闭合，起到通电延时作用。

当线圈断电时，衔铁在反力弹簧 4 作用下，通过活塞杆将活塞推向下端，这时橡皮膜下方气室内的空气通过橡皮膜 9、弱弹簧 8 和活塞 13 的肩部所形成的单向阀，迅速地从橡皮膜上方的空气室缝隙中排掉，使微动开关 16 触点瞬时复位。

时间继电器图形符号如图 4-5 所示。

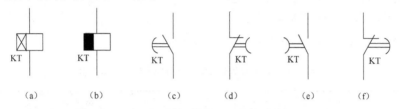

图 4-5　时间继电器图形符号

（a）通电延时线圈　　（b）断电延时线圈　　（c）、（d）通电延时触点　　（e）、（f）断电延时触点

时间继电器型号及含义如图 4-6 所示。

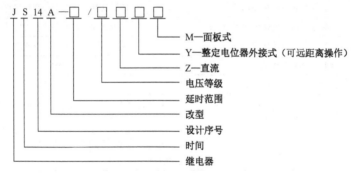

图 4-6　时间继电器的型号及含义

2．时间继电器规格的选择

（1）时间继电器的主要参数

JS7 系列空气阻尼式时间继电器主要技术参数如表 4-1 所示。

表 4-1　JS7 系列空气阻尼式时间继电器主要技术参数

型号	瞬时动作触点数量		延时动作触点数量				触点额定电压（V）	触点额定电流（A）	线圈电压（V）	延时范围（s）	额定操作频率（次/小时）
			通电延时		断电延时						
	常开	常闭	常开	常闭	常开	常闭					
JS7-1A JS7-2A JS7-3A JS7-4A							380	5	24、36、110、127、220、380	0.4～60 及 0.4～180	600

（2）时间继电器的选用

时间继电器选用时主要考虑时间继电器的类型、延时方式和线圈电压。

① 根据系统的延时范围和精度选择时间继电器的类型和系列。在延时精度要求不高的场合，一般可以选择成本比较低的空气阻尼式时间继电器。反之，对精度要求比较高的场合，可选用电子式时间继电器。

② 根据控制线路的要求选择继电器的延时方式（通电延时或断电延时）。同时还必须考虑线路对瞬时动作触点的要求。

③ 时间继电器线圈电压的选择。

根据控制电路的要求来选择时间继电器的线圈电压。

（3）时间继电器的识别和检测

JS7 系列时间继电器的识别与检测方法见表4-2。

表4-2　JS7 系列时间继电器的识别与检测方法

序 号	任 务	操 作 要 点
1	识读时间继电器的型号	时间继电器的型号标注在正面
2	找到时间调节旋钮	调节旋钮旁标有时间刻度
3	找到延时常闭触点的接线端子	位于气囊上方两侧，有相应符号标注
4	找到延时常开触点的接线端子	位于气囊上方两侧，有相应符号标注
5	找到瞬时常闭触点的接线端子	位于线圈上方两侧，有相应符号标注
6	找到瞬时常开触点的接线端子	位于线圈上方两侧，有相应符号标注
7	找到线圈的接线端子	线圈两端
8	识读时间继电器线圈参数	标注于线圈侧面
9	检测延时常闭触点接线端子	万用表选择 R×1Ω 挡，调零，两表笔搭接于触点两端。常态阻值为 0
10	检测延时常开触点接线端子	万用表选择 R×1Ω 挡，调零，两表笔搭接于线圈两端，常态阻值为∞
11	检测瞬时常闭触点接线端子	万用表选择 R×1Ω 挡，调零，两表笔搭接于触点两端，常态阻值为 0
12	检测瞬时常开触点接线端子	万用表选择 R×1Ω 挡，调零，两表笔搭接于线圈两端，常态阻值为∞
13	检测线圈阻值	万用表选择 R×100Ω 挡，调零，两表笔搭接于线圈两端

（4）时间继电器识别与检测练习

通过对 JS7 系列时间继电器的观察和检测，完成表4-3 中的内容。

表4-3　JS7 系列时间继电器的识别与检测记录

序 号	任 务	操 作 要 点
1	识读时间继电器的型号	时间继电器的型号为＿＿＿＿＿＿＿
2	找到时间调节旋钮	延时时间为＿＿＿＿＿＿＿
3	找到延时常闭触点的接线端子	延时常闭触点标注的符号为＿＿＿＿
4	找到延时常开触点的接线端子	延时常开触点标注的符号为＿＿＿＿

序 号	任 务	操 作 要 点
5	找到瞬时常闭触点的接线端子	瞬时常闭触点标注的符号为_____
6	找到瞬时常开触点的接线端子	瞬时常开触点标注的符号为_____
7	找到线圈的接线端子	线圈的接线端子分别在_____
8	识读时间继电器线圈参数	线圈额定电压为____，额定电流为____
9	检测延时常闭触点接线端子	万用表选择_____挡，常态时常闭触点阻值为_____，触点质量_____（合格与否）
10	检测延时常开触点接线端子	万用表选择_____挡，常态时常开触点阻值为_____，触点质量_____（合格与否）
11	检测瞬时常闭触点接线端子	万用表选择_____挡，常态时常闭触点阻值为_____，触点质量_____（合格与否）
12	检测瞬时常开触点接线端子	万用表选择_____挡，常态时常开触点阻值为_____，触点质量_____（合格与否）
13	检测线圈阻值	万用表选择_____挡，线圈阻值为_____，线圈质量_____（合格与否）

4.2.2 三相异步电动机Y-△降压启动控制线路

1. 电气原理图

常见三相异步电动机时间继电器控制的 Y—△降压启动控制电路如图 4-7 所示。

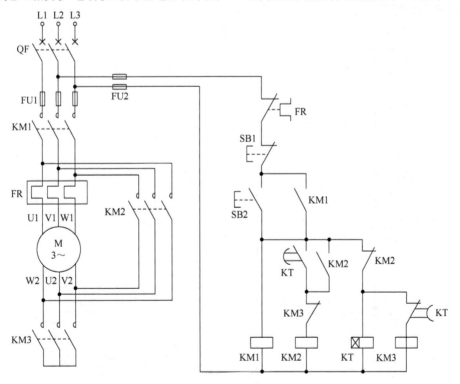

图 4-7 三相异步电动机 Y—△降压启动电气原理图

图中主电路由交流接触器 KM1、KM2、KM3 主触点的通断配合，分别将电动机定子绕组接成 Y 形和△形。当 KM1 和 KM3 线圈通电时，其主触点闭合，电动机星形连接；当 KM1 和 KM2 线圈通电时，其主触点闭合，电动机三角形连接。两种接线方式的切换由控制电路中的时间继电器定时自动完成。

2. 操作过程和工作原理

① 启动。闭合低压断路器 QF，按下按钮 SB2，KM1、KM3 线圈通电，自锁触点闭合形成自锁，主触点闭合，三相异步电动机星形连接降压启动。同时，时间继电器线圈通电，延时触点开始延时。延时时间到，KT 延时常闭触点断开，KM2 线圈断电，触点释放，KT 延时常开触点闭合，KM3 线圈通电，常开辅助触点闭合形成自锁，主触点闭合，与 KM1 一起形成三角形连接，电动机正常运行。

② 停止。按下停止按钮 SB1，KM1、KM2 和 KM3 线圈断电，触点复位，电动机停止运行。

4.3　项目实施

4.3.1　电气控制系统图的绘制

1. 电气原理图

三相异步电动机 Y-△降压启动电气原理图如图 4-8 所示。

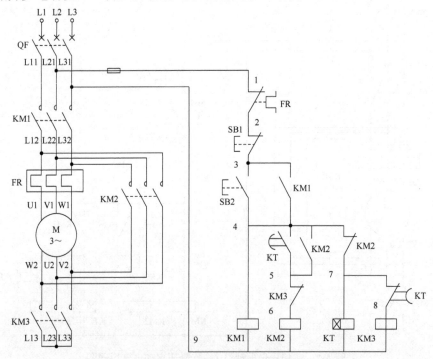

图 4-8　三相异步电动机 Y—△降压启动电气原理图

2. 元器件布置图

元器件布置图如图 4-9 所示。

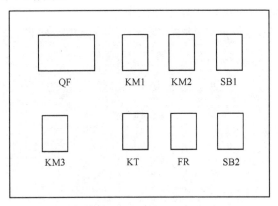

图 4-9 元器件布置图

3. 电气安装接线图绘制

根据电气原理图和元器件布局图，绘制三相异步电动机 Y—△降压启动控制系统电气安装接线图，如图 4-10 所示。

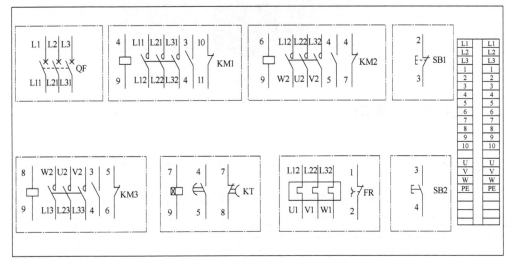

图 4-10 三相异步电动机 Y—△降压启动控制系统电气安装接线图

4.3.2 仿真实训

本项目采用仿真实训一体化教学手段。电路安装前，学生利用多媒体仿真软件反复进行仿真接线、故障检测与排除，在确保学生对电路熟练掌握后再进行实训操作。

仿真实训环境要求：计算机机房，每人 1 台安装仿真软件的计算机。

仿真实训步骤如下。

① 按照原理图进行仿真接线，如图 4-11 所示。

② 仿真运行。

（a）合上电源开关 QF。

（b）按下 SB2 进行电动机运行操作。

（c）按下 SB1 进行电动机停止运行操作。

③ 仿真连线达标后方可进行实际接线操作。

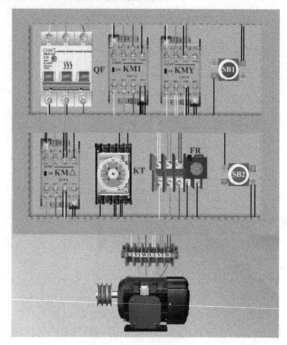

图 4-11　电气仿真接线

4.3.3　元器件及工具选型

1. 元件选型

时间继电器自动控制的 Y—△降压启动控制电路元件明细表见表 4-4。

表 4-4　时间继电器自动控制的 Y—△降压启动控制电路元件明细表

序　号	电　路	元 件 符 号	元 件 名 称	功　能
1		QF	低压断路器	电源引入
2		KM1	KM1 主触点	主电路电源引入
3	主电路	KM2	KM2 主触点	三角形连接
4		KM3	KM3 主触点	星形连接
5		FR	热继电器	电动机过载保护
6		M	三相异步电动机	用电器
7		FR	热继电器常闭触点	电动机过载保护
8		SB1	停止按钮	停车
9	控制电路	SB2	启动按钮	启动
10		KM1	KM1 辅助常开触点	KM1 自锁
11		KM1	KM1 线圈	控制 KM3 吸合与释放
12		KM2	KM2 辅助常开触点	KM2 自锁

序　号	电　路	元件符号	元件名称	功　能
13	控制电路	KM2	KM2 线圈	控制 KM3 吸合与释放
14		KM2	KM2 辅助常闭触点	联锁保护
15		KM3	KM3 辅助常闭触点	联锁保护
16		KM3	KM3 线圈	控制 KM3 吸合与释放
17		KT	KT 延时常开触点	延时闭合△形连接
18		KT	KT 延时常闭触点	延时断开 Y 形连接
19		KT	KT 线圈	计时，使触点延时动作

2. 元器件检查

① 外观检查。外观检查方法见表 4-5，将检查结果记录在表 4-5 中。

表 4-5　外观检查方法及检查结果记录表

名　称	代　号	图　示	检查步骤及结果
低压断路器	QF		1. 看型号中的额定电流是否符合标准 2. 看外表是否破损 3. 看接线座是否完整、有无垫片 检查结果：
交流接触器	KM		1. 看型号中的额定电流、额定电压是否符合标准 2. 看外表是否破损 3. 看触点动作是否灵活、有无卡阻 4. 看触点结构是否完整、有无垫片 检查结果：
电动机	M		1. 看型号中的额定电流、额定电压、接线方式是否符合标准 2. 看有无垫片或接线柱是否松动 3. 手动检查电动机转动是否灵活 检查结果：
按钮	SB		1. 看型号是否符合标准 2. 看外表是否破损 3. 看触点动作是否灵活、有无卡阻 4. 看触点结构是否完整、有无垫片 检查结果：
热继电器	FR		1. 看型号是否符合标准 2. 看外表是否破损 3. 看触点结构是否完整、有无垫片 检查结果：

续表

名　称	代号	图　示	检查步骤及结果
时间继电器	KT		1. 看型号是否符合标准 2. 看外表是否破损 3. 看触点结构是否完整、有无垫片 4. 检查调时旋钮是否完好
			检查结果：

② 万用表检测。万用表检测方法见表 4-6，将检测结果记录在表 4-6 中。

表 4-6　万用表检测方法及检测结果记录表

名　称	代号	图　示	检测步骤及结果	
空气断路器	QF		万用表拨至 R×1Ω 挡，依次测量 QF 上下对应触点电阻，阻值为∞，合上 QF，阻值接近 0，说明断路器正常	
			检测结果：	
交流接触器	KM		线圈	万用表拨至 R×100Ω 挡，测线圈电阻，若阻值在 1~2kΩ 之间，正常；若阻值为∞，则线圈断
				检测结果：
			触点	万用表拨至 R×1Ω 挡，测量动断（动合）触点，正常阻值为 0（∞），手动吸合 KM，阻值变为∞（0）
				检测结果：
电动机	M		万用表拨至 R×1Ω 挡，测量 U、V、W 三相间电阻，正常为∞，再分别测 U_1-U_2、V_1-V_2、W_1-W_2 各相线圈阻值，若阻值在 1~2kΩ 之间，正常；若阻值为∞，则该相线圈断。用兆欧表检测电动机绕组对外壳绝缘电阻，应大于 0.5MΩ	
			检测结果：	
按钮	SB		万用表拨至 R×1Ω 挡，测量动断（动合）触点，正常阻值为 0（∞），手动按下按钮，阻值变为∞（0）	
			检测结果：	
热继电器	FR		热元件	万用表拨至 R×1Ω 挡，测热元件触点电阻，正常时接近 0
				检测结果：
			动断触点	万用表拨至 R×1Ω 挡，测动断触点电阻，正常时接近 0，手动模拟过载（按下红色按钮），阻值变为∞，按下复位按钮，又恢复为 0，则良好
				检测结果：

续表

名 称	代 号	图 示	检测步骤及结果
时间继电器	KT		万用表拨至 R×1Ω 挡，测量动断（动合）触点，正常阻值为0（∞），手动按下按钮，阻值变为∞（0） 检测结果：

3. 清点工具和仪表

根据任务具体内容，选择工具和仪表，置于工作台合适位置，详单列于表 4-7。

表 4-7 工具、仪表选用

序 号	工具或仪表名称	型号和规格	数 量	作 用
1	一字螺丝刀	150mm	1	电路连接与元器件安装
2	十字螺丝刀	150mm	1	电路连接与元器件安装
3	尖嘴钳	150mm	1	剪切线径较细的导线 给单股导线接头弯圈 夹取小零件等
4	斜口钳	任选	1	剪切导线和元器件多余的引线
5	剥线钳	任选	1	剥离导线外部的塑料或橡胶绝缘层
6	电笔	任选	1	用来测试电路中是否带电
7	万用表	任选	1	检修电路

4.3.4 系统安装与调试

1. 安装元器件

检测完元器件后，将元器件固定在实训安装板的卡轨上，安装示意图如图 4-12 所示。注意保证各个元器件的安装位置间距合理、均匀，元器件安装要平稳且注意安装方向。

2. 布线

布线的具体工艺要求如下。

① 引出导线走向。电气元件水平中心线以上端子引出线进入元件上面行线槽，电气元件水平中心线以下端子引出线进入元件下面行线槽，不允许从水平方向进入行线槽。

② 除特殊情况限制，导线必须经过行线槽进行连接；行线槽内装线不超过容量的 70%，装线要完全置于槽内且避免在内部交叉。

③ 连接至行线槽的外漏导线要横平竖直，变换走向时垂直；外漏导线不要交叉；同一元件上位置一致的引出导线尽量置于同一平面。

④ 导线接头上应套有与电路图上相应接点线号一致的编码套管，按线号进行连接。

⑤ 一般一个接线端子上最多连接两根导线，专门设计的端子除外。

⑥ 导线与接线端子或接线桩连接时，不得压绝缘层，不反圈，漏铜不过长；按照以上布线原则进行线路连接。电路接线完成后，如图 4-13 所示。

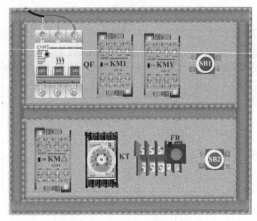

图 4-12　元器件安装示意图

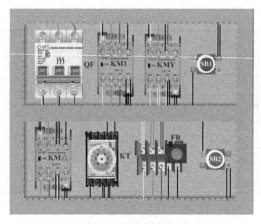

图 4-13　电路接线完成图

3．注意事项

① 时间继电器的安装，应使得继电器在断电时，动铁芯释放时的运动方向垂直向下。

② Y—△降压启动控制的电动机，必须有 6 个出线端子，且定子绕组在△接法时的额定电压等于三相电源的线电压。

③ 接触器 KM3 的进线必须从三相定子绕组的末端引入，若误从首端引入，则在 KM3 吸合时，会发生三相电源短路事故。

④ 保证接线时间，同时做到安全操作和文明生产。

4．接线检查

按电路图从电源端开始，逐段核对有无漏接、错接之处，检查导线接头是否符合要求，压接是否牢固，以免运行时发生闪弧现象。

5．万用表检验

用万用表电阻挡检查电路接线情况。检查时，应选择倍率适当的电阻挡，并调零。

（1）控制电路线路检查

断开主电路，将万用表两表笔分别搭在控制电路两端点，万用表读数应为∞；

① 星形启动控制检查。

按下启动按钮 SB2，万用表读数应为 KM1、KM3、KT 线圈的电阻并联值；

② KM1 自锁检查。

按下 KM1 触点，万用表读数应为 KM1、KM3、KT 线圈的电阻并联值；

③ KM2 自锁检查。

按下 SB2，同时按下 KM2 触点，万用表读数应为 KM1、KM2 线圈的电阻并联值；

④ 联锁检查。

同时按下 KM1、KM2、KM3 触点，万用表读数应为 KM1 线圈的电阻值；

⑤ 三角形运行检查。

同时按下 KM1、KM2 触点，万用表读数应为 KM1、KM2 线圈的电阻并联值；

⑥ 停车控制检查。

按下启动按钮 SB2 或按下 KM1 触点，万用表读数应为 KM1、KM3、KT 线圈的电阻并联值，此时按下停止按钮 SB1，万用表读数应变为∞。

（2）主电路线路检查

断开控制电路，按下接触器触点，利用万用表依次检查 U、V、W 三相接线有无开路或者短路情况。

6. 通电试车

电路检测完毕后，盖好行线槽盖板，进行通电试车。为确保人身安全，在通电试车时，要认真执行安全操作规程的有关规定，经教师检查并现场监护。

① 一人操作，同时提醒组内成员及周围同学。

② 调整热继电器 FR 整定电流。

③ 调整时间继电器 KT 整定时间。

④ 通电操作过程。合上实验台上 QF，接通三相电源→合上实训安装板上 QF，电路接通三相电源→按下启动按钮 SB2，电动机星形连接降压启动，延时时间到，电动机三角形连接正常运行→按下停止按钮 SB1，电动机停转→断开实训安装板上 QF，切断安装电路的三相电源→断开实验台上 QF，切断三相电源。

4.3.5 故障检修

1. 电路故障排除方法

① 通电试验法观察故障现象。观察电动机、各元件及线路工作是否正常，若发现异常现象，应立即断电检查。

② 用逻辑分析法缩小故障范围，并在电路图上标出。

③ 通过测量法，利用万用表正确、迅速地找出故障点。

④ 正确排除故障。

⑤ 故障排除后，再次通电试车。

2. 注意事项

① 检修前要掌握电路图中各个控制环节的作用和原理，并熟悉电动机的接线方法。

② 检修过程中严禁扩大和产生新的故障，否则，应立即停止检修。

③ 检修思路和方法要正确。

④ 带电检修故障时，必须有指导教师在现场监护，并确保用电安全。

⑤ 检修必须在规定时间内完成。

3. 典型故障实例

① 现象。三相异步电动机 Y-△降压启动控制线路经万用表检验无误，进行空载通电试运行。按下启动按钮 SB2 后，KT、KM1、KM3 通电动作，但延时 5s 后，线路无转换动作。

② 分析。通过观察故障现象，我们判断故障是因为时间继电器延时触点未动作导致的。由于按下 SB2 后 KT 线圈已通电动作，所以怀疑 KT 电磁铁位置不正确，造成延时触点工作不正常。

③ 检查。用手按住 KT 的衔铁，大约经过 5s，延时器的顶杆已放松，顶住了衔铁，但未听到延时触点切换的声音。因电磁机构与延时器距离太近，使气囊动作不到位。

④ 排除。调整电磁机构位置，使衔铁动作后，气囊顶杆可以完全恢复。重新试运行，故障排除。

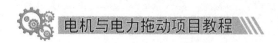
4.4 项目评价

对整个项目的完成情况进行综合评价和考核，具体评价规则见表 4-8 的项目验收单。

表 4-8 项目四验收单

第_____组　　　　第一负责人_____　　参与人_____

项目名称_____

验收日期_____年_____月_____日

考核项目	考核内容	配分	扣分标准	自评	互评	师评
先期检测	元器件漏检、错检	5	每个扣 1 分			
布局安装	元器件布局不合理 安装不牢固 元器件有损坏	5	每处扣 2 分 每处扣 2 分 酌情扣分			
线路敷设	不按电路图接线 主电路接线有错误 控制电路接线有错误 布线不合理（每个接点线数不超过 3 根） 有意损坏导线绝缘或线芯 接线压胶、反圈、露铜	45	酌情扣分 每处扣 3 分 每处扣 2 分 每处扣 1 分 每根扣 2 分 每一处扣 2 分			
故障排查	万用表挡位选择错误 仪表、工具使用不当 排查顺序混乱 故障点找到，但无法排除	20	扣 3 分 每次扣 2 分 扣 5 分 酌情扣分			
通电试车	不能正确操作工作过程	10	酌情扣分			
安全规范	不能安全用电，出现违规用电 不能安全使用仪表工具，存在安全隐患或产生不安全行为	5	扣 5 分 酌情扣分			
文明规范	操作过程不认真 擅自离开工位 导线、器材浪费大 考核结束后，工具元件未如数上交 考核结束后，工位收拾不干净	10	酌情扣分 每次扣 3 分 酌情扣分 酌情扣分 酌情扣分			
验收人意见			验收成绩			

4.5 项目拓展

4.5.1 定子绕组串电阻（或电抗）降压启动

定子绕组串电阻（或电抗）降压启动是指在电动机三相定子绕组串联入电阻（或电抗），电动机启动时利用串入的电阻（或电抗）起降压限流作用，待电动机转速上升到一定数值的时候，将电阻（或电抗）短路切除，使电动机在额定电压下正常工作。其电气原理图如图 4-14 所示。

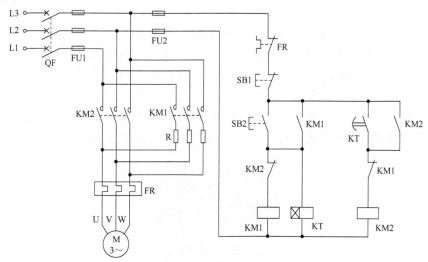

图 4-14 定子绕组串电阻降压启动电气原理图

其工作原理如下。

① 电动机启动过程如图 4-15 所示。

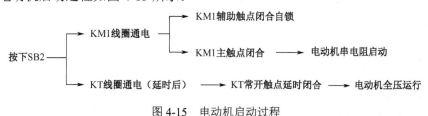

图 4-15 电动机启动过程

② 电动机停止过程如图 4-16 所示。

图 4-16 电动机停止过程

由于定子绕组中串入的电阻要消耗电能，所以大、中型的电动机常采用串联电抗的启动方法。

定子绕组串电阻（或电抗）降压启动降压效果明显，工作可靠，但是，利用定子绕组串电阻（或电抗）降压启动时，加在定子绕组上的电压一般只有直接启动时的 1/2，而电动机的启动转矩与所加电压的平方成正比，所以定子绕组串电阻（或电抗）降压启动的启动转矩只有直接启动时的 1/4，定子绕组串电阻（或电抗）降压启动只适用于不频繁启动电动机的空载或轻载启动。

4.5.2 自耦变压器降压启动

自耦变压器降压启动是利用自耦变压器（图 4-17）来降低施加在电动机三相定子绕组上的电压，达到限制启动电流的目的。

自耦变压器降压启动时，将电源电压加在自耦变压器的高压绕组，而电动机的定子绕组与自耦变压器低压绕组连接，利用变压器降低定子绕组的电压。当电动机转速达到一定数值的时候，将自耦变压器切除，电动机定子绕组直接与电源连接，在全电压下正常运行。

自耦变压器降压启动比 Y-△降压启动的启动转矩大，并且可以利用变压器的不同抽头来调节变比以改变启动电流和启动转矩的大小，启动过程更加平稳，且不受电动机连接方式的影响。但该启动方式需要专门购置自耦变压器，成本较高，且不允许频繁启动。因此，自耦变压器降压启动适用于容量较大、启动要求较高、且正常运行时为 Y 形连接的电动机。

图 4-17　自耦变压器

课后习题

一、填空题

1．三相异步电动机常用的电气启动方法有_____和_____。

2．按动作原理不同，时间继电器分为_____、_____、_____和_____四种。

3．JS7-A 时间继电器有_____和_____两种延时方式，应根据控制线路的要求来选择相应的延时方式。

4．常见的三相异步电动机降压启动方式有 Y-△降压启动、_____和_____。

5．Y-△降压启动控制电路启动时，定子绕组接成_____；正常运行时，定子绕组接成_____。

6. 电动机 Y 连接时，三个定子绕组，每一端接三相电压的一相，另一端_____

7. 三相异步电动机进行降压启动的主要目的是_____。

8. 定子绕组串电阻（电抗）降压启动是指在异步电动机的三相定子绕组_____，从而起到降压限流的作用；待电动机转速上升到一定数值时，将电阻_____，使电动机在额定电压下正常工作。

9. 自耦变压器降压启动是利用_____来降低施加在电动机三相定子绕组上的电压，达到_____的目的。

10. 当星形连接时，每相负载承受的电压是_____V；当三角形连接时，每相负载承受的电压是_____V。

二、选择题

1. 时间继电器的作用是_____。
   A．短路保护　　　　　　　　B．过电流保护
   C．延时通断主回路　　　　　D．延时通断控制回路

2. 通电延时时间继电器的线圈图形符号为_____。

KT	KT	KT	KA
A.	B.	C.	D.

3. 延时断开常闭触点的图形符号是_____。

KT	KT	KT	KT
A.	B.	C.	D.

4. 通电延时时间继电器，它的延时触点动作情况是_____。
   A．线圈通电时触点延时动作，断电时触点瞬时动作
   B．线圈通电时触点瞬时动作，断电时触点延时动作
   C．线圈通电时触点不动作，断电时触点瞬时动作
   D．线圈通电时触点不动作，断电时触点延时动作

5. 11kW 的笼型电动机，进行启动时应采取_____。
   A．全压启动　　B．降压启动　　C．刀开关直接启动　D．接触器直接启动

6. 三相笼型电动机采用 Y-△降压启动，使用于正常工作时_____接法的电动机。
   A．△　　　　　B．Y　　　　　C．二者均可　　　D．二者均不可

7. Y-△降压启动电路中，Y 接法启动电压为△接法电压的_____。
   A．$1/\sqrt{3}$　　B．$1/\sqrt{2}$　　C．1/3　　D．1/2

8. Y-△降压启动电路中，Y 接法启动转矩为△接法启动转矩的_____。
   A．$1/\sqrt{3}$　　B．$1/\sqrt{2}$　　C．1/3　　D．1/2

9. 三相异步电动机启动时，启动电流很大，可达额定电流的_____。
   A．2~2.5 倍　　B．5~7 倍　　C．6~10 倍　　D．10~20 倍

10. 在延时精度要求不高，电源电压波动较大的场合，应选用_____。

    A. 空气阻尼式时间继电器   B. 晶体管式时间继电器

    C. 电动式时间继电器   D. 电磁式时间继电器

三、判断题

1. 空气阻尼式时间继电器精度相当高。   (   )

2. 三相笼型电动机都可以采用 Y-△ 降压启动。   (   )

3. 时间继电器所有触点均为延时触点。   (   )

4. 时间继电器线圈通电时触点可以延时动作，但线圈断电后，所有触点将失去延时功能。(   )

5. 不同类型的时间继电器，延时效果不同。   (   )

四、简答题

1. 请画出时间继电器线圈及触点的图形符号。

2. 请分别画出 Y 和△连接时，电动机的接线图。

3. 某同学安装好 Y-△降压启动控制电路后，发现电动机在 Y 启动之后不能切换为△运行，请帮他分析出现这种故障的原因。

4. 请说出三种降压启动方式的优缺点。

5. 请说出直接启动和降压启动的含义。

6. 电机启动时电流很大，为什么热继电器不会动作？

7. 请说出时间继电器的选用原则是什么。

五、设计题

1. 某机床有两台三相异步电动机，要求第一台电动机启动运行 5s 后，第二台电动机自行启动，第二台电动机运行 10s 后，两台电动机停止；要求两台电动机都具有短路、过载保护，请设计出主电路和控制电路。

2. 一台三相异步电动机运行要求为：按下启动按钮，电动机正转，5s 后，电动机自行反转，再过 10s，电动机停止，电路具有短路和过载保护，请设计出主电路和控制电路。

项目五

镗床主轴控制系统

5.1 项目引入

5.1.1 项目任务

镗床是加工大型箱体零件的主要设备。它的加工精度和表面质量要高于钻床。主要是用镗刀在工件上镗孔的机床，主要类型有卧式镗床、坐标镗床、金刚镗床和专用镗床等，其中以卧式镗床应用最广。通常，镗刀旋转为主运动，镗刀或工件的移动为进给运动。

镗床的主运动和进给运动多用同一台异步电动机拖动。为了适应各种形式和各种工件的加工，要求镗床的主轴有较宽的调速范围，因此多采用由双速或三速笼型异步电动机拖动的滑移齿轮有级变速系统。采用双速或三速电动机拖动，可简化机械变速机构。要求主轴电动机能够正反转；可以点动进行调整；并要求有电气制动。下面以图 5-1 所示的 T68 镗床为例，介绍其电气控制原理。

图 5-1　T68 镗床外形

图 5-2 所示为 T68 镗床的电气原理图，整个电路由总开关及保护、主轴转动、快速移动、制动控制、速度控制、变压器和照明及显示电路、通电指示灯九部分组成。

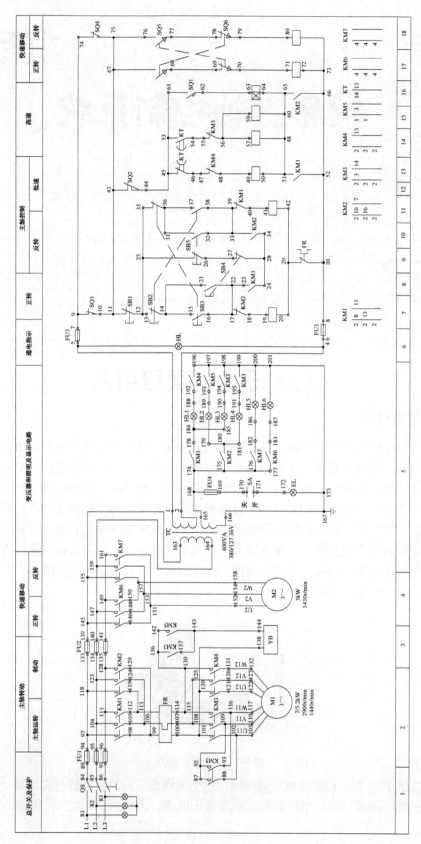

图 5-2　T68 镗床电气原理图

由电路图可以看出，T68 型号镗床的电气控制线路有两台电动机：一台是主轴电动机 M1，作为主轴旋转及常速进给的动力，同时还带动润滑油泵；另一台为快速进给电动机 M2，作为各进给运动的快速移动的动力。加工时，镗轴旋转完成主运动，并且可以沿其轴线移动作轴向进给运动。

本款镗床的主轴能够实现正反转控制，有位置开关进行限位控制，有互锁控制保护，这些内容在之前的项目中都学习过，请同学们在查阅资料、咨询教师的情况下，自行读图进行分析。

镗床这种能够进行精细加工的机床在工作过程中，都要求能迅速停车和准确定位，这就要求在系统中对拖动电动机采取制动措施。制动控制方法主要有机械制动和电气制动两大类。机械制动是采用机械装置产生机械力来强迫电动机迅速停车；电气制动是使电动机产生的电磁转矩方向与电动机旋转方向相反，阻碍电动机的惯性运动，使电动机迅速停止转动，从而起制动作用。

电气制动有反接制动、能耗制动、再生制动等。

镗床主轴通常采用反接制动。本项目我们通过镗床的主轴控制系统学习如何实现反接制动。

某型号镗床，在加工过程中，镗刀单向旋转。其控制过程如下。

按下启动按钮→镗刀正常旋转，对工件进行加工→当加工结束，按下停止按钮时→镗刀迅速停止。

系统要求具有过载保护、短路保护、欠压保护功能，保证系统可靠、安全运行。

根据控制要求，设计一速度继电器接触器控制系统实现镗刀反接制动控制，合理选配元器件，绘制电气原理图，并按照工艺要求，进行线路连接，搭建系统、调试运行，实现上述功能。

5.1.2 项目分析

主要问题分析

① 动力系统选择。镗刀采用三相异步电动机进行拖动控制。

② 反接制动实现。运用电阻与交流接触器实现反接制动功能。

③ 保护环节的实现。通过具有相应保护功能的低压电器实现。短路保护、欠压保护、失压保护功能通过低压断路器实现；过载保护通过热继电器实现。

④ 速度控制。当电动机旋转速度降低到一定时，切断反接制动。

想一想

① 反接制动的电流是否是正常工作的电流？

② 如何根据电动机的转速判断是否切断反接制动？

查一查

查阅速度继电器的相关资料，了解其作用、结构、原理和使用方法。

5.2　信息收集

5.2.1　常用低压电器——速度继电器

1. 速度继电器的作用

速度继电器又称反接制动继电器，其外形如图 5-3 所示。能够反映电动机的转速与转向，主要用于电动机速度的检测。用以将机械位移信号转换成电信号。在电机转速接近某一固定值时，立即发出信号，改变开关状态，控制其他继电器。

速度继电器主要作用如下。

① 检测。检测电动机的转速。

② 控制。发出信号，加工完成信号，以控制交流接触器的工作状态，即按一定功能启动、停止。

图 5-3　速度继电器外形

2. 速度继电器的动作原理

如图 5-4 所示，速度继电器的转子是一个永久磁铁，与电动机或机械轴连接，随着电动机旋转而旋转。定子与鼠笼转子相似，内有短路条，它也能围绕着转轴转动。当转子随电动机转动时，它的磁场与定子短路条相切割，产生感应电势及感应电流，这与电动机的工作原理相同，故定子随着转子转动而转动起来。定子转动时带动杠杆，杠杆推动触点，使之闭合与分断。当电动机旋转方向改变时，继电器的转子与定子的转向也改变，这时定子就可以触动另外一组触点，使之分断与闭合。当电动机停止时，继电器的触点即恢复原来的静止状态。一般采用速度继电器的动作转速一般不低于 300r/min，复位转速约在 100r/min。

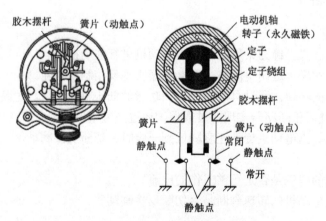

图 5-4　速度继电器的原理图

3. 速度继电器的类型与结构

速度继电器主要结构是由转子、定子及触点三部分组成，结构示意图如图 5-5 所示。

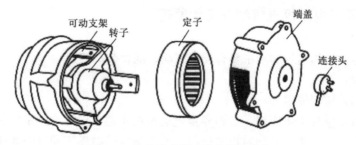

图 5-5　常见速度继电器外形与结构

4. 速度继电器的型号与含义

JL 系列速度继电器型号与含义如图 5-6 所示。

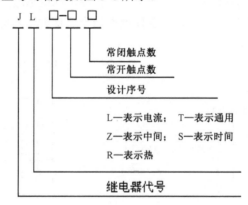

图 5-6　JL 系列速度继电器型号与含义

5. 速度继电器的符号

速度继电器用字母 KS 表示，图形符号如图 5-7 所示。

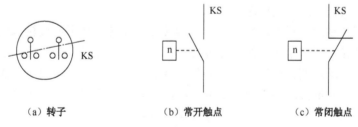

| （a）转子 | （b）常开触点 | （c）常闭触点 |

图 5-7　速度继电器图形符号

6. 速度继电器的选用和安装

（1）速度继电器的选用

① 根据应用场合及控制对象选择种类。

② 根据控制回路的额定电压和额定电流选择系列。

③ 根据安装环境选择防护形式。

（2）速度继电器的安装

① 速度继电器应紧固在电动机的轴上，不得有晃动现象。

② 速度继电器安装时底座要水平，与电动机的轴要连在同一水平线上。

③ 定期检查速度继电器，以免触点接触不良而达不到目的。

5.2.2 三相异步电动机电气制动工作原理

三相异步电动机的电气制动主要有反接制动、能耗制动等。

1. 反接制动

（1）反接制动控制原理

根据电动机正反转工作原理，三相异步电动机在正常工作时，产生顺时针旋转的旋转磁场，由于电磁感应，转子受到转矩的作用，所以与旋转磁场相同方向旋转。当切断电动机的电源后，虽然转子上的转矩消失了，但是由于惯性的存在，转子还会继续高速旋转。

反接制动实质上是在定子上接入与原电源相反相序的三相电源，使定子绕组上产生与转子方向相反的旋转磁场，因而使转子受到相反的转矩，使电动机迅速停车，达到制动目的。

当电动机的转子速度几乎为零时，断开反接的交流接触器，完成反接制动的过程，反接制动原理图如图 5-8 所示。

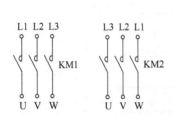

　　　（a）KM引入电源进线　　　　　　　　　　　（b）原理图画法

图 5-8　反接制动原理图

（2）串电阻反接制动控制电路

在电动机反接制动过程中，转子正转，旋转磁场反转，转子与旋转磁场的相对速度接近两倍的同步转速，所以定子绕组中流过的反接制动电流相当于全压启动电流的两倍，因此制动转矩大，制动迅速，但冲击大。为防止绕组过热，减小冲击电流，通常在三相异步电动机定子电路串入反接制动电阻，串电阻反接制动原理图如图 5-9 所示。

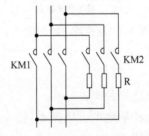

图 5-9　串电阻反接制动原理图

想一想

反接制动串联的电阻何时断开？

（3）反接制动控制电路分析

① 主电路分析。

反接制动控制主电路图如图 5-10（a）所示，由于采用同一三相电源进行供电，要实现三相异步电动机的反接制动控制，需要两个交流接触器进行电源相序的切换。

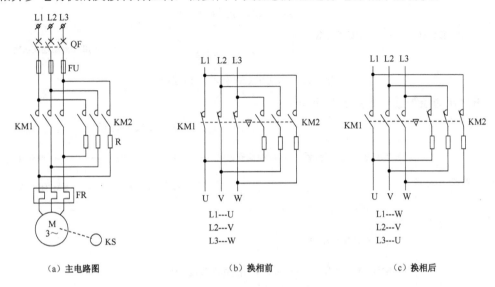

（a）主电路图   （b）换相前   （c）换相后

图 5-10　主电路换相反接示意图

三相异步电动机正常工作时正向旋转，接触器 KM1 主触点闭合，将三相电源的 L1、L2、L3 三相对应接至 3 组定子绕组 U、V、W 的首端，电动机正转；当电动机停止正转时，KM2 主触点闭合，串接电阻减小电流，切换电动机两组相序，使电动机由于惯性旋转中的转子受到反向力矩，迅速停车，进而实现正常旋转与反接制动，换相前后示意如图 5-10（b）和图 5-10（c）所示。

② 控制电路分析。

反接制动控制电路如图 5-11 所示，通过按钮控制接触器线圈得电，继而控制主电路中的主触点闭合实现正转或反接。由速度继电器检测电动机的转速，当转子的转速低于 100 r/min 的时候，速度继电器发生动作，常开触点复位断开，切断 KM2 线圈。控制电路的另一个作用是在电动机过载时，通过热继电器的辅助动合触点断开控制电路，使接触器线圈失电，继而断开主电路中的接触器的主触点，使电动机停转。

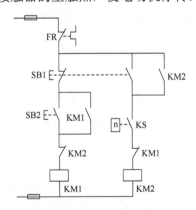

图 5-11　反接制动控制电路图

③ 电路工作原理。

（a）正转控制过程如图 5-12 所示。

图 5-12　电动机正常启动控制过程

（b）制动控制过程如图 5-13 所示。

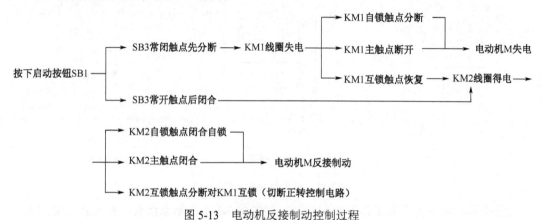

图 5-13　电动机反接制动控制过程

（c）当电动机转速下降到零时，反接制动结束，过程如图 5-14 所示。

KS常开触点断开 ━━▶ KM2线圈失电 ━━▶ KM2主触点断开 ━━▶ 反接制动结束

图 5-14　反转制动结束过程

2. 能耗制动

能耗制动比反接制动所消耗的能量小，其制动电流比反接制动时要小得多，而且制动过程平稳、无冲击，但能耗制动需要专用的直流电源。通常此种制动方法适用于电动机容量较大、要求制动平稳与制动频繁的场合。如电梯、电动机车等。

（1）主电路分析

如图 5-15 所示，电动机在停止时，定子绕组上虽然没有电源，旋转磁场消失，但是转子还由于惯性在高速旋转。这时，在定子的任意两相上加上一个直流电源，在定子上产生一个静止磁场，根据电磁感应定律，在转子上产生反向力矩，阻碍电动机转子的转动，达到制动效果。

（2）控制电路分析

通过两个交流接触器控制电动机的正常运转和接入直流电源，利用停止按钮的常开触点启动直流电源的接入控制，利用时间继电器控制直流电源的接入时间，计时结束，切断控制直流电源的交流接触器。

（3）电路工作原理

如图 5-15 所示，电路由断路器 QF，交流接触器 KM1、KM2，热继电器 FR，启动按钮 SB2，停机能耗制动按钮 SB1，变压器 T，整流桥 VC，制动电阻 RP，时间继电器 KT及电动机 M 组成。

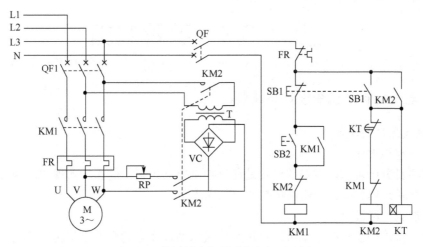

图 5-15 能耗制动控制系统电气原理图

（a）启动控制过程如图 5-16 所示。

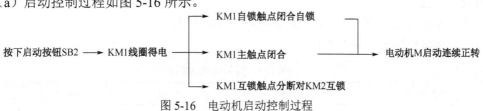

图 5-16 电动机启动控制过程

（b）制动控制过程如图 5-17 所示。

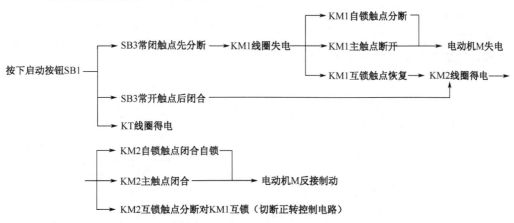

图 5-17 电动机能耗制动控制过程

（c）当电动机转速下降到零的时候，能耗制动结束，过程如图 5-18 所示。

KT计时结束，常开触点断开 ⟶ KM2线圈失电 ⟶ KM2主触点断开 ⟶ 能耗制动结束

图 5-18 能耗制动结束过程

两种制动方法各有优缺点，针对镗床要求停车迅速等特点，本项目中，镗刀的主轴制动选择反接制动作为制动方式。

5.3　项目实施

5.3.1　电气控制系统图设计与绘制

1. 电气原理图设计

（1）主电路设计

通过项目分析可知，镗刀的运转是通过控制电动机转子的正转实现的，故镗床控制电路的主电路就是典型的电动机反接制动控制主电路。

（2）控制电路设计

通过交流接触器控制电动机的正转及反接制动，在电动机停止正转，启动反转之前，即电动机转速接近于零的时候，要切断反接制动交流接触器，用速度继电器的常开触点来实现这一过程。

为了电路安全可靠，也可以采用接触器互锁的形式。

镗刀运转控制条件见表 5-1。

表 5-1　镗刀运转控制条件

运 行 状 态	启 动 条 件	停 止 条 件	自 锁	互 锁
镗刀正转 （KM1 控制 M 正转）	SB2	FR、SB1	KM1	KM2
镗刀迅速停止 （KM2 控制 M 反接）	SB1	FR、KS	KM2	KM1

设计完成的电路图如图 5-19 所示。

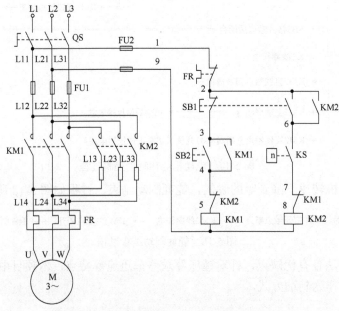

图 5-19　镗床反接制动控制系统电气原理图

2. 元器件布局图绘制

根据电气原理图进行元器件布置，布置原则为：元器件间距合适，走线方便，导线尽量不交叉，便于实际安装与检修。图 5-20 所示的实验室元器件布置图仅供参考。

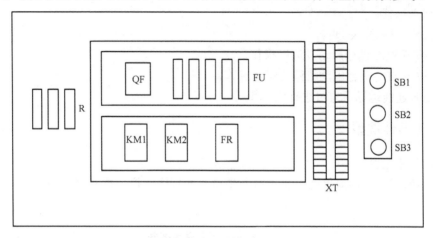

图 5-20　元器件布局图

3. 电气安装接线图绘制

根据电气原理图和元器件布局图，绘制刀开关控制的镗床反接制动控制系统电气安装接线图，如图 5-21 所示。

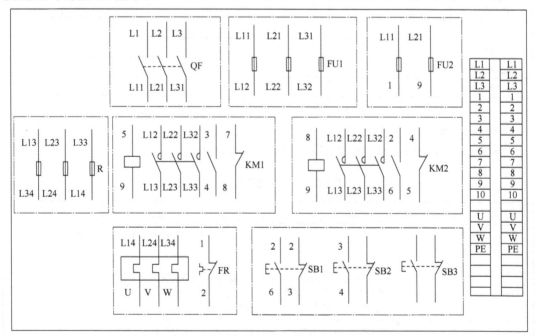

图 5-21　镗床反接制动控制系统电气安装接线图

5.3.2　仿真实训

本项目采用仿真实训一体化教学手段。电路安装前，学生利用多媒体仿真软件反复进行仿真接线、故障检测与排除，在确保学生对电路熟练掌握后再进行实训操作。

仿真实训环境要求：计算机机房，每人 1 台安装仿真软件的计算机。

仿真实训步骤如下。

① 按照原理图进行仿真接线。

② 仿真运行。

（a）合上电源开关 QF。

（b）按下 SB2 进行启动及运行操作。

（c）按下 SB1 进行电动机停止运行操作。

③ 仿真连线达标后方可进行实际操练。

5.3.3 元器件选型

1. 元器件选型

本项目所需元器件清单列于表 5-2，其中型号和规格一栏依据实际选用的型号和规格自行填写。

表 5-2 元器件明细表

名　称	符　号	型　号	规　格	数　量	作　用
低压断路器					
交流接触器					
热继电器					
按钮					
电阻					
速度继电器					
三相异步电动机					

2. 元器件检查

（1）外观检查

外观检查方法见表 5-3，将检查结果记录在表 5-3 中。

表 5-3 外观检查方法及结果记录表

名　称	代　号	图　示	检查步骤及结果
熔断器	FU		1. 看型号中的熔断器额定电流是否符合标准 2. 看外表是否破损 3. 看接线座是否完整 检查结果：
空气断路器	QF		1. 看型号中的额定电流是否符合标准 2. 看外表是否破损 3. 看接线座是否完整、有无垫片 检查结果：

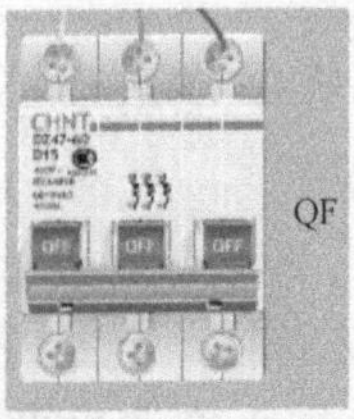

名　称	代　号	图　示	检查步骤及结果
交流接触器	KM		1. 看型号中的额定电流、额定电压是否符合标准 2. 看外表是否破损 3. 看触点动作是否灵活、有无卡阻 4. 看触点结构是否完整、有无垫片
			检查结果：
电动机	M		1. 看型号中的额定电流、额定电压、接线方式是否符合标准 2. 看有无垫片或接线柱是否松动 3. 手动检查电动机转动是否灵活
			检查结果：
按钮	SB		1. 看型号是否符合标准 2. 看外表是否破损 3. 看触点动作是否灵活、有无卡阻 4. 看触点结构是否完整、有无垫片
			检查结果：
热继电器	FR		1. 看型号是否符合标准 2. 看外表是否破损 3. 看触点结构是否完整、有无垫片
			检查结果：
电阻	R		1. 看型号、阻值是否符合标准 2. 看外表是否破损
			检查结果：
速度继电器	KS		1. 看型号是否符合标准、端口数是否够 2. 看外表是否破损 3. 看触点结构是否完整、有无垫片
			检查结果：

（2）万用表检测

万用表检测方法见表 5-4，将检测结果记录在表 5-4 中。

表 5-4　万用表检测方法及结果记录表

名　称	代　号	图　示	检测步骤及结果
熔断器	FU		万用表拨至 R×1Ω挡，依次测量上下接线座之间电阻。正常阻值接近 0，若为∞，则熔体接触不良或熔体烧坏
			检测结果：
空气断路器	QF		万用表拨至 R×1Ω挡，依次测量 QF 上下对应触点电阻，阻值为∞，合上 QF，阻值接近 0，说明断路器正常
			检测结果：
交流接触器	KM		线圈 　万用表拨至 R×100Ω挡，测线圈电阻，若阻值在 1~2kΩ之间，正常；若阻值为∞，则线圈断
			检测结果：
			触点 　万用表拨至 R×1Ω挡，测量动断（动合）触点，正常阻值为 0（∞），手动吸合 KM，阻值变为∞（0）
			检测结果：
电动机	M		万用表拨至 R×1Ω挡，测量 U、V、W 三相间电阻，正常为∞，再分别测 U_1-U_2、V_1-V_2、W_1-W_2 各相线圈阻值，若阻值在 1~2kΩ之间，为正常；若阻值为∞，则该相线圈断。用兆欧表检测电动机绕组对外壳绝缘电阻应大于 0.5MΩ
			检测结果：
按钮	SB		万用表拨至 R×1Ω挡，测量动断（动合）触点，正常阻值为 0（∞），手动按下按钮，阻值变为∞（0）
			检测结果：
热继电器	FR		热元件 　万用表拨至 R×1Ω挡，测热元件触点电阻，正常时接近 0
			检测结果：
			动断触点 　万用表拨至 R×1Ω挡，测动断触点电阻，正常时接近 0，手动模拟过载（按下红色按钮），阻值变为∞，按下复位按钮，又恢复为 0，则良好
			检测结果：

名　称	代　号	图　示	检测步骤及结果	
电阻	R		阻值	万用表拨至 R×100Ω挡，测量电阻两端阻值，阻值应该在 1~2kΩ之间
				检测结果：
速度继电器	KS			万用表拨至 R×1Ω挡，测量动断（动合）触点，正常阻值为 0（∞），手动按下按钮，阻值变为∞（0）。
				检测结果：

5.3.4　系统安装与调试

1．清点工具和仪表

镗床主轴反接制动控制系统安装与调试所需工具和仪表，记录在表 5-5 中。

表 5-5　工具和仪表统计表

工 具 名 称	规 格 型 号	数 　量	工 具 名 称	规 格 型 号	数 　量
钢丝钳			一字螺丝刀		
剥线钳			十字螺丝刀		
尖嘴钳			万用表		

2．安装元器件

检测好元器件后，将元器件固定在实训安装板的卡轨上，安装示意图如图 5-22 所示。注意元器件要按照电气元器件布置图来安装，保证各个元器件的安装位置间距合理、均匀，元器件安装要平稳且注意安装方向。

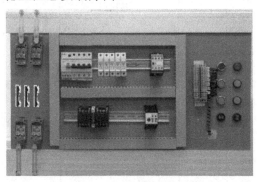

图 5-22　元器件安装示意图

3．布线

具体按照以下布线原则进行线路连接。

① 引出导线走向。电气元件水平中心线以上端子引出线进入元件上面行线槽，电气元件水平中心线以下端子引出线进入元件下面行线槽，不允许从水平方向进入行线槽。

② 除特殊情况限制，导线必须经过行线槽进行连接；行线槽内装线不超过容量的70%，装线要完全置于槽内，且避免在内部交叉。

③ 连接至行线槽的外漏导线要横平竖直，变换走向时垂直；外漏导线不要交叉；同一元件位置一致，且引出导线尽量置于同一平面。

④ 导线接头上应套有与电路图上相应接点线号一致的编码套管，按线号进行连接。

⑤ 一般一个接线端子上最多连接两根导线，专门设计的端子除外。

⑥ 软导线必须要压接端子，压接要牢固，不得有毛刺，硬导线要绕成合适的羊眼圈或直接头，与接线端子连接时，不得压绝缘层，漏铜不得超过 2mm，导线中间不允许有接头。

4. 自检

线路连接后，必须进行检查。

① 检查布线。按照电路图上从左到右的顺序检查是否存在掉线、错线，是否存在漏编、错编线号，是否存在接线不牢固。

② 使用万用表检查。使用万用表电阻挡位按照电路图检查是否有错线、掉线、错位、短路等。检测过程见表 5-6，将检测结果记录在表 5-6 中。

表 5-6　万用表检测电路过程及结果记录表

测量任务	测量过程			正确阻值	测量结果
	测量数据	工序	操作方法		
测量主电路	接上电动机，分别测量 QF 出线端处任意两相之间的阻值	1	所有器件不动作	∞	
		2	手动 KM1	电动机 M 两相定子绕组阻值之和	
		3	手动 KM2	电动机 M 两相定子绕组阻值之和	
		4	手动 FR	阻值变为∞	
测量控制电路	接上电动机，测量控制电路引至 QF 任选两相出线端处的阻值	5	所有器件不动作	∞	
		6	按下启动按钮不动	接触器线圈阻值，约为 1～2kΩ	
		7	接续工序 6，再按下停止按钮	阻值变为∞	
		8	接续工序 6，再按下后退停止按钮	阻值变为∞	
	断开 KM1 线圈出线端的导线，测量停止按钮出线端和 KM1 线圈出线端之间阻值	9	所有器件不动作	∞	
		10	手动 KM1	接触器线圈阻值，约为 1～2 kΩ	
		11	接续工序 10，手动 KM2	∞	
		12	手动 KM2	接触器线圈阻值，约为 1～2 kΩ	
	断开 KM2 线圈出线端的导线，测量速度继电器出线端和 KM2 线圈出线端之间阻值	13	所有器件不动作	接触器线圈阻值	
		14	手动 KM2	接触器线圈阻值，约为 1～2 kΩ	
		15	接续工序 10，手动 KM1	∞	
	停止按钮出线端和速度继电器进线端之间阻值	16	所有器件不动作	∞	
		17	手动停止按钮 SB1	阻值约为零	
		18	手动 KM2	阻值约为零	

注：万用表挡位选择 R×100Ω

以上检测方法仅供参考，使用万用表检测电路过程不唯一，可自行采用其他检测过程。

5. 通电试车

电路检测完毕后，盖好行线槽盖板，准备通电试车。严格按照以下步骤进行通电试车。

① 一人操作，同时提醒组内成员及周围同学："注意！要通电了！"

② 通电操作过程。合上实验台上 QF，接通三相电源→合上实训安装板上 QF，安装电路接通三相电源→按下正转启动按钮→电动机连续正转（工作台前进）→手动前限位行程开关 SQ1→电动机由正转变为反转（工作台后退）→手动后限位行程开关 SQ2→电动机又由反转变为正转（工作台前进）→手动行程开关 SQ3→电动机停转→再次按下后进启动按钮→电动机反转（工作台后退）→手动行程开关 SQ4→电动机停转→按下前进启动按钮→电动机正转（工作台前进）→按下停止按钮，电动机停转→断开实训安装板上 QF，切断安装电路的三相电源→断开实验台上 QF，切断三相电源。

③ 故障分析与排除。

（a）通电观察故障现象，停电检修，并验电，确保设备及线路不带电。

（b）挂"禁止合闸、有人工作"警示牌，

（c）按照电气线路检查方法进行检查，一人检修，一人监护。具体方法参见"3.2.3 电气线路故障检修方法"部分内容。

（d）执行"谁停电谁送电"制度。

◁ 注意：必须在老师现场监护下进行通电试车！

5.4 项目评价

对整个项目的完成情况进行综合评价和考核，具体评价规则见表 5-7 的项目验收单。

表 5-7 项目五验收单

第_____组	第一负责人_____		参与人_____			
项目名称_____						
验收日期 _____年_____月_____日						
考核项目	考核内容	配分	扣分标准	自评	互评	师评
先期检测	元器件漏检、错检	5	每个扣 1 分			
布局安装	元器件布局不合理	5	每处扣 2 分			
	安装不牢固		每处扣 2 分			
	元器件有损坏		酌情扣分			
线路敷设	不按电路图接线	45	酌情扣分			
	主电路接线有错误		每处扣 3 分			
	控制电路接线有错误		每处扣 2 分			
	布线不合理（每个接点线数不超过 3 根）		每处扣 1 分			
	有意损坏导线绝缘或线芯		每根扣 2 分			
	接线压胶、反圈、露铜		每一处扣 2 分			

考核项目	考核内容	配分	扣分标准	自评	互评	师评
故障排查	万用表挡位选择错误	20	扣3分			
	仪表、工具使用不当		每次扣2分			
	排查顺序混乱		扣5分			
	故障点找到，但无法排除		酌情扣分			
通电试车	不能正确操作工作过程	10	酌情扣分			
安全规范	不能安全用电，出现违规用电	5	扣5分			
	不能安全使用仪表工具，存在安全隐患或产生不安全行为		酌情扣分			
文明规范	操作过程不认真	10	酌情扣分			
	擅自离开工位		每次扣3分			
	导线、器材浪费大		酌情扣分			
	考核结束后，工具元件未如数上交		酌情扣分			
	考核结束后，工位收拾不干净		酌情扣分			
验收人意见			验收成绩			

5.5 项目拓展

镗床的主轴拖动电动机调速方式是使用双速电动机，双速电动机通过改变电动机定子绕组的磁极对数来达到电动机的调速目的。

由三相异步电动机内部原理可知，当电源频率 f 固定后，电动机的同步转速与它的磁极对数 P 成反比，异步电动机转速表达式如下。

$$n=60f(1-s)/p$$

由这个公式可知，磁极对数增加一倍，同步转速就下降一半，从而引起异步电机转子转速的下降。通常把变更绕组磁极对数的调速方法称为变极调速。变极调速是一种有级调速。速度变换是阶跃式的，改变磁极对数调速有"倍极比"和"非倍极比"两类，例如2、4、8极的变换关系为"倍极比"，而4、6极的变换关系为"非倍极比"。

笼型异步电动机常用的变极调速方法是变更电动机绕组的结线方式，使其在不同的极对数下运行，其同步转速便会随之改变。异步电动机的极对数是由定子绕组的连接方式来决定的，这样就可以通过改换定子绕组的连接来改变异步电动机的极对数。变极调速改变极对数的接线图如图5-23所示。

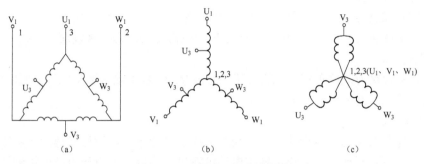

图 5-23　改变极对数的接线图

双速电动机的定子绕组的连接方式常有两种：一种是绕组从三角形改成双星形，如图 5-23（a）所示的连接方式转换成如图 5-23（c）所示的连接方式；另一种是绕组从单星形改成双星形，如图 5-23（b）所示的连接方式转换成如图 5-23（c）所示的连接方式，这两种接法都能使电动机产生的磁极对数减少 1/2，即电动机的转速提高 1 倍。这时定子绕组产生的是两极磁场同步转速 $n_1=1500r/min$，改接后其同步转速 $n_1=3000r/min$，调速比为 1∶2。因此只要在电动机外部改变定子绕组的连接方法，就可以改变其极对数，从而得到不同的转速。

双速电动机低速运行和高速运行两种方式，其控制线路如图 5-24 所示。当定子绕组接成三角形时，磁极对数为 2，此时以 1500r/min 低速运行；当定子绕组改接成双 Y 型时，磁极对数为 1，此时以 3000r/min 高速运行。

低速运行时，将开关 SA 扳向"低速"位置，接触器 KM1 吸合，电动机 M 的定子绕组 U_1、V_1、W_1 出线端与电源连接，电动机成三角形连接，低速运行。当需要高速运行时，将 SA 扳向"高速"位置，此时时间继电器 KT 吸合，使接触器 KM1 吸合，KM1（8-9）断开联锁作用，KM1 的主触点闭合，电动机 M 的定子绕组成三角形连接，低速启动。几秒钟后，KT（6-7）延时断开，使接触器 KM1 释放，电动机断电惯性旋转，此时 KM1（8-9）恢复闭合，KT(7-8)延时闭合，使接触器 KM2 吸合，U_1、V_1、W_1 并头，电动机 M 的定子绕组变成双 Y 形连接并高速运转。

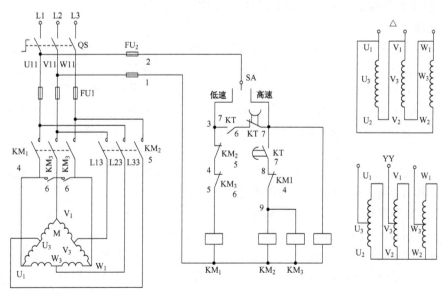

图 5-24　双速电动机控制线路图

变极调速的优点是设备简单，运行可靠，既可适用于恒转矩调速（Y/YY），也可适用于近似恒功率调速（△/YY）。其缺点是转速只能成倍变化，为有级调速。

① 拓展一。

如果要实现镗刀既能正转，又能反转，请思考，结合本项目所学知识，如何反接制动，请分析系统功能，给出设计方案。

② 拓展二。

设计高速与低速均能运行的镗床，结合电动机本身结构，设计双速运转镗床，即低速运转时电动机三角形连接，高速运转时电动机双星形连接，请设计出继电接触器控制电路实现对三相异步电动机双速的控制。

课后习题

一、填空题

1. 速度继电器又称_____，主要用于电动机的_____检测。用以将_____信号转换成_____信号。

2. 速度继电器是用来反映_____变化的自动电器。动作转速一般不低于300r/min，复位转速约在_____。

3. 速度继电器的转子是一个_____，与电动机的_____连接。

4. 制动控制方法主要有_____和_____两大类。

5. 三相异步电动机常用的电气制动方法有_____和_____。

6. 反接制动的优点是_____。

7. 能耗制动的优点是_____、平稳、_____。

8. 要使三相异步电动机反接制动，就必须改变通入电动机定子绕组的_____。

9. 反接制动时，交流接触器串电阻的作用是_____。

10. SB1红色按钮在反接制动中起到___个作用，分别为_____和_____。

二、选择题

1. 在控制线路中，速度继电器所起到的作用是（　　　）。
   A. 过载保护　　　　B. 过压保护　　　　C. 欠压保护　　　　D. 速度检测

2. 下列低压电器中，能起到过流保护、短路保护、失压和欠压保护的是（　　　）。
   A. 熔断器　　　　B. 速度继电器　　　　C. 低压断路器　　　　D. 时间继电器

3. 三相异步电动机反接制动时，采用对称电阻接法，可以在限制制动转矩的同时，也限制（　　　）。
   A. 制动电流　　　　B. 启动电流　　　　C. 制动电压　　　　D. 启动电压

4. 三相异步电动机反接制动的优点是（　　　）。
   A. 制动平稳　　　　B. 能耗较小　　　　C. 制动迅速　　　　D. 定位准确

5. 三相异步电机采用能耗制动时，当切断电源时，将（　　　）。
   A. 转子回路串入电阻　　　　　　　　B. 定子任意两相绕组进行反接
   C. 转子绕组进行反接　　　　　　　　D. 定子绕组送入直流电

6. 按下复合按钮时（　　　）。
   A. 常开触点先闭合　　　B. 常闭触点先断开　　　C. 常开、常闭触点同时动作

7. 三相异步电机采用反接制动时，当切断电源时，将（　　）。

　　A．转子回路串入电阻　　　　　　B．定子任意两相绕组进行反接

　　C．转子绕组进行反接　　　　　　D．定子绕组送入直流电

8. 速度继电器（　　）。

　　A．定子与电机同轴连接　　　B．转子与电机同轴连接　　　C．触点放置于主电路

9. 按下停止按钮时速度变化是（　　）。

　　A．人为地改变电机的转速

　　B．自动地改变电机的转速

　　C．负载变动引起的

10. 在图 5-25 所示控制电路中，正常操作后会出现短路现象的是图（　　）。

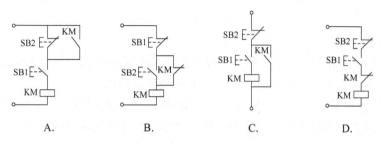

图 5-25　题二（10）图

三、判断题

1. 在电气制动中，也需要采用接触器互锁。　　　　　　　　　　　　　　（　　）

2. 反接制动的速度继电器应适当调整反力弹簧的松紧程度，以期获得较好的制动

　　效果。　　　　　　　　　　　　　　　　　　　　　　　　　　　　　（　　）

3. 速度继电器只能检测电动机的转速，与正反转无关。　　　　　　　　　（　　）

4. 电动机采用制动措施的目的是为了迅速停车和安全保护。　　　　　　　（　　）

5. 能耗制动在停车平稳的场合，任何电动机都可以应用。　　　　　　　　（　　）

6. 速度继电器速度很高时触点才动作。　　　　　　　　　　　　　　　　（　　）

7. 在反接制动中，红色按钮有启动和停止两个作用。　　　　　　　　　　（　　）

8. 速度继电器的常开常闭触点在电动机正常旋转过程中是初始状态。　　　（　　）

9. 目前机床常用的调速方法有机械有级调速和电气无级调速两种。　　　　（　　）

10. 在反接制动的控制线路中，必须采用以时间为变化参量进行控制。　　　（　　）

四、简答题

1. 三相交流电动机反接制动和能耗制动分别适用于什么情况？

2. 简述三相异步电机能耗制动的原理。

3. 简述三相异步电机反接制动的工作原理。

4. 根据速度继电器的结构示意图如图 5-26 所示，分析速度继电器逆时针工作时触点动作的工作原理。

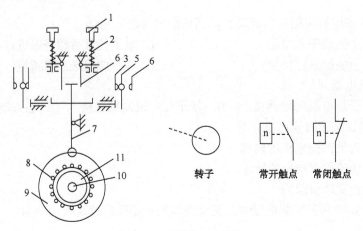

图 5-26　题四（4）图

五、设计题

1．设计两台三相异步电动机 M1、M2 的主电路和控制电路，要求 M1、M2 可分别启动和停止，也可实现同时启动和停止，并具有短路、过载保护。

2．设计按一台电动机可以分别进行正、反转启动，且能连续运行，当停车时，能够能耗制动电路，且由时间继电器 KT 控制能耗制动时间，自动完成制动任务。

项目六
典型机床电气控制系统

6.1 CA6140 普通车床控制电路

6.1.1 项目目标

【知识目标】

1. 学会识图并理解 CA6140 车床电气控制原理图。
2. 掌握 CA6140 车床电路的工作原理，并会分析电路。
3. 熟悉 CA6140 仿真电路板上的设备和元件布局。

【技能目标】

1. 能够根据 CA6140 车床电气控制电路原理图进行仿真接线和调试运行。
2. 能够根据故障现象分析判定故障范围，并确定故障点。
3. 能够在电路板上排除典型故障，恢复车床电路正常功能。

6.1.2 项目分析

车床是一种使用极其广泛的金属切削机床，主要用于加工内外圆柱面、断面、圆锥面，还可以车削螺纹和进行孔加工。识读 CA6140 车床控制电路并掌握常见车床故障的维修是电气操作人员必须懂得的知识和应该掌握的技能。本项目的学习和训练旨在使同学们掌握和具备基本的识图和排除故障及检修的能力。

本项目以 CA6140 的电气控制电路为核心，采用仿真实训一体化教学模式，在识读 CA6140 车床电气原理图的基础上，独立完成仿真软件上模拟连线实训。根据企业设备维修实际情况，以工作票的形式给定任务，分析车床电气控制电路工作过程，根据故障现象排除 CA6140 车床电气控制电路板中的故障，并按要求填写维修工作票，在完成工作任务过程中，请严格遵守电气维修的安全操作规程。

6.1.3 信息收集

一、认识 CA6140

1. CA6140 车床的型号含义

CA6140 车床型号含义如图 6-1 所示。

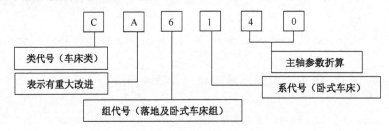

图 6-1 CA6140 车床型号含义

2. CA6140 车床主要结构

CA6140 车床主要由床身、主轴箱、进给箱、溜板箱、刀架、丝杠、光杠、尾架等部分组成。其外形如图 6-2 所示。车床的切削运动包括主轴旋转的主运动和刀架的直线进给运动。可以进行外圆、平面、内孔、螺纹、锥体等的车削。

图 6-2 CA6140 外形图

二、电路图识读与分析

1. CA6140 车床的电路结构

CA6140 车床原理图如图 6-3 所示，包括主电路和控制电路两部分。主电路为电动机运行提供电源，控制电路包括电动机控制回路、照明及信号等电路。

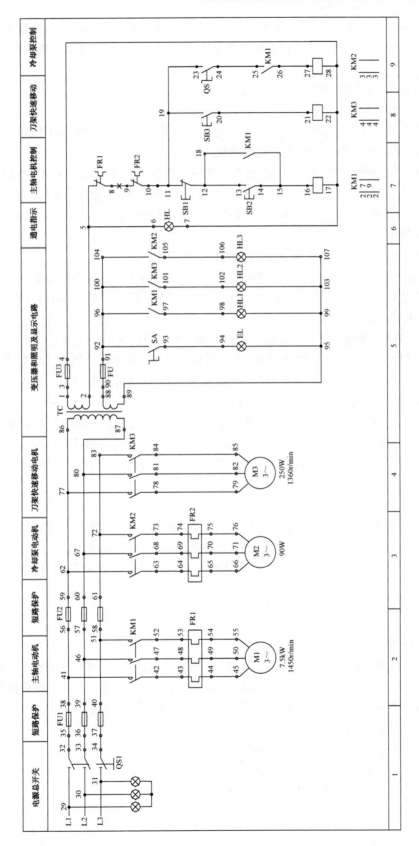

图 6-3　CA6140 车床电路原理图

在识别电气原理图时，首先看图名，确认设备；其次看主电路，一般图框上方标有功能注释，方便分析原理图，下方也会标有数字如"1、2、3……"，注明原理图的区域编号，便于检索。

2. 电路结构与原理分析

（1）主电路分析

主电路中共有三台电动机；M1 为主轴电动机，带动主轴旋转和刀架作进给运动；M2 为冷却泵电动机；M3 为刀架快速移动电动机。

三相交流电源通过转换开关 QS1 引入。主轴电动机 M1 由接触器 KM1 控制启动，热继电器 FR1 为主轴电动机 M1 的过载保护。冷却泵电动机 M2 由接触器 KM2 控制启动，热继电器 FR2 为它的过载保护。刀架快速移动电动机 M3 由接触器 KM3 控制启动。

（2）控制电路分析

控制回路的电源由控制变压器 TC 副边输出 110V 电压提供。

① 主轴电动机的控制。按下启动按钮 SB1，接触器 KM1 的线圈获电动作，其主触点闭合，主轴电机启动运行。同时，KM1 的自锁触点和另一副常开触点闭合。按下停止按钮 SB2，主轴电动机 M1 停车。

② 冷却泵电动机控制。如果车削加工过程中，工艺需要使用冷却液时，合上开关 SA1，在主轴电机 M1 运转情况下，接触器 KM1 线圈获电吸合，其主触点闭合，冷却泵电动机获电而运行。由电气原理图可知，只有当主轴电动机 M1 启动后，冷却泵电机 M2 才有可能启动，当 M1 停止运行时，M2 也自动停止。

③ 刀架快速移动电动机的控制。刀架快速移动电动机 M3 的启动是由安装在进给操纵手柄顶端的按钮 SB3 来控制的，它与中间继电器 KM2 组成点动控制环节。将操纵手柄扳到所需的方向，压下按钮 SB3，继电器 KM2 获电吸合，M3 启动，刀架就向指定方向快速移动。

（3）照明、信号灯电路分析

控制变压器 TC 的副边分别输出 36V 和 127V 电压，作为机床低压照明灯和信号灯的电源。EL 为机床的低压照明灯，接入 36V 电源回路，由开关 SA 控制。

HL 为电源的信号灯，接入 127V 电源回路。它们分别采用 FU4 和 FU3 作短路保护。

6.1.4 项目实施

一、电路连接仿真实训

由于车床电路比较复杂，实际接线全部完成需要很长时间，线路连接容易出错，检查线路过程繁琐，较为困难，为有效利用课堂时间，达到实训目标，本项目电路连接采用辽宁省职业教育教学信息化资源建设项目的维修电工实训系统进行仿真实训。

1. 仿真实训步骤

① 单击  进入界面 。

② 单击 [维修电工实训系统]，选择 [车床CA6140]。

③ 可利用仿真软件进行实物原理图对照、壁龛接线、外部接线、仿真运行等模拟操作。

2. 仿真实训练习

① 参照原理图 6-3 进行 CA6140 车床壁龛仿真接线，仿真接线图如图 6-4 所示。

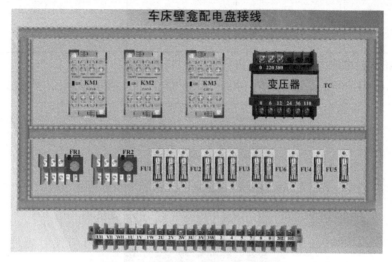

图 6-4　车床壁龛配电盘仿真接线图

② 参照控制电路部分原理图 6-3 进行 CA6140 车床外部仿真接线，仿真接线图如图 6-5 所示。

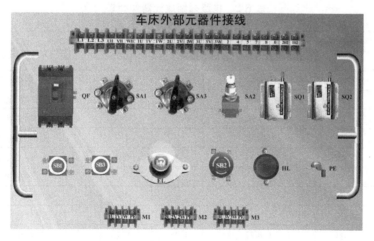

图 6-5　车床外部元件仿真接线图

3. 仿真运行

完成仿真接线后，按照操作提示在仿真软件中进行模拟运行。

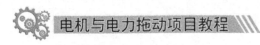
4. 仿真评价

将仿真接线记录在表 6-1 中，并进行评价。

表 6-1　仿真接线记录表

学　号	姓　名	壁龛接线用时	外部接线用时	累计错误次数	仿真总分

二、CA6140 车床电路调试与运行

认识 CA6140 车床电路板。CA6140 车床控制电路板如图 6-6 所示，组成元件见表 6-2。

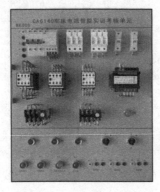

图 6-6　CA6140 车床电路板

表 6-2　电路板组成元器件列表

名　称	符　号	型号/规格	数　量	单　位	作　用
低压断路器	QF	Z47LE-32	1	个	接通或切断电源
熔断器	FU	T18-32	2	组	主电路短路保护
熔断器	FU	R14-20	2	个	控制及照明电路短路保护
交流接触器	KM	J20-10	3	个	控制交流电动机
控制变压器	TC	BK-100	1	个	提供不同规格电压
热继电器	FR	R36-20	2	个	为 M1 和 M2 提供过载保护
按钮	SB		3	个	控制电路
转换开关	SA		2	个	照明指示灯控制开关
指示灯	HL		5	个	照明信号及运行指示
熔断器	FU	T18-32	2	组	主电路短路保护

请同学根据元件清单对应控制电路板找到实物位置，并完成清单列表。

1. CA6140 车床调试与运行

CA6140 车床调试时可采用电动机模块进行试车。电机模块如图 6-7 所示，该模块包括三台三相异步电动机，即单速电机 M1（YS5024W、60W、0.33A、1400r/min）、单速带离心开关电机 M2（YS5024W、60W、0.33A、1400r/min）、双速电机 M3（YS502-4、40/25W、0.25A/0.20A、2800r/min/1400r/min）。

图 6-7　电机模块

调试步骤如下。

连接 CA6140 车床实训单元电路板和电机模块，如图 6-8 所示。其中电机 M1 星形连接，电机 M2 星形连接，电机 M3 为双速电机（内部已接好）。

⏻ **注意：** 电机连接方式必须保证连接正确，不可重复连接，避免短路！

图 6-8　电路板与电机连接图

① 引入三相五线电源。按颜色黄、绿、红、蓝、黑分别接入 L1、L2、L3、N 和 PE 线。

② 确认线路连接正确无误，通电试车。

⏻ **注意：** 必须在老师现场监护下进行通电试车！

③ 按原理图调试 CA6140 各部分电路功能，观察电机转动情况和接触器 KM 吸合情况以及指示灯变化。并记录实际运行情况，完成表 6-3。

表 6-3　CA6140 实际运行情况记录表

操　作	KM 线圈及触点变化	运行情况及现象
合上电源开关 QS		接通三相电源
按下 SB2	KM1 线圈通电，KM1 主触点闭合，动合辅助触点闭合	主轴电动机 M1 启动，主轴启动指示灯 HL1 亮

2．CA6140 车床电路故障排除

在熟悉了 CA6140 车床控制电路的原理图，完成了仿真实训练习，以及对 CA6140 车床控制电路板进行运行和调试后，在 YL-156A 实训考核装置中完成车床故障的排除。故障点已由答题器上的单片机设置好，并通过排线提前预置在控制电路板内，共有 16 个故障点可供随意组合。

（1）CA6140 故障排除步骤

① 通电运行观察故障现象，进行故障分析。

如按下 SB2，KM1 吸合，快速移动指示灯 HL1 亮，主轴电动机 M1 不转，其他功能正常，如图 6-9 所示。根据故障现象，可见控制电路及照明指示电路正常，初步判定主轴电动机 M3 电源缺相，需进一步检测故障点。

② 断开电源，挂警示牌，如图 6-10 所示。一人负责监护，一人检测故障，并确定故障点。

③ 采用电阻法检测电路。如图 6-11 所示，即在断电的情况下，用万用表电阻挡分段检测指定电路的电阻值，逐步排除故障。若阻值趋近于零，说明该段路径为通路，若阻值为∞，说明该段路径为断路。

图 6-9　观察故障现象

图 6-10　警示牌

图 6-11　电阻法检测

为操作方便，将万用表固定在挂板右侧，如图 6-12（a）所示，挡位开关选择至欧姆挡

×10挡，调零完毕后，参照原理图6-12（b），进一步检测KM1出线端至FR1进线端、FR1出线端至M1间通断情况，即（42,43）、（47,48）、（52,53）、（44,45）、（49,50）、（54,55）。最终测得（52,53）间断路。

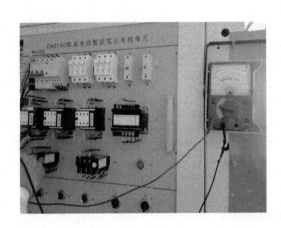

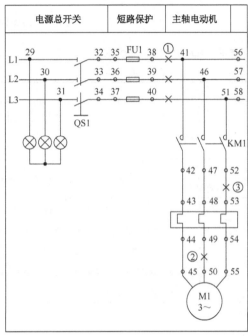

（a）万用表固定在挂板右侧　　　　　　　　　　　　　　　　（b）原理图

图6-12　按原理图检测故障

　　📝 **注意**：故障排除过程必须由两人协助完成，排故时确保设备不带电。

　　④ 排除其他故障。输入故障点（52,53），输入点正确，故障点数减1。显示为0后，单击"下一题"，如图6-13（a）和图6-13（b）所示，操作步骤同前。

（a）输入故障点　　　　　　　　　　　　　　　　　　（b）故障排除

图6-13　排除其他故障

　　⑤ 通电试车。故障全部检测完毕后，摘除警示牌，合上QS，通电检测电路功能是否恢复正常。运行正常后，恢复初始状态，断开电源总开关。

　　📝 **注意**：上电、下电顺序要正确！上电时先"总"后"分"，下电时先"分"后"总"。

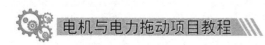

电机与电力拖动项目教程

（2）填写工作票（即车床维修报告）

根据上述事例，对故障现象、故障检测和排除过程以及故障点描述进行简要说明，能够清晰明确，要求字迹工整，如实填写表 6-4 和表 6-5。

表 6-4 CA6140 车床维修工作票

工作票编号 N0:　　　DQWX

发单日期：　　年　　月　　日

工 位 号	
工作任务	根据《CA6140 车床电气控制电路原理图》完成电气线路故障检测与排除
工作时间	自　　年 月 日 时 分 至　　年 月 日 时 分
工作条件	检测及排故过程＿＿＿；观察故障现象和排除故障后试机＿＿＿＿
工作许可人签名	
维 修 要 求	1. 在工作许可人签名后方可进行检修 2. 对电气线路进行检测，确定线路的故障点并排除 3. 严格遵守电工操作安全规程 4. 不得擅自改变原线路接线，不得更改电路和元件位置 5. 完成检修后能使该车床电路正常工作
维修时的 安全措施	

故障现象 描述			
故障检测 和排除 过程			
故障点 描述			

注：选手在"工位号"栏填写自己的工位号，裁判在"工作许可人签名"栏签名。

表 6-5 CA6140 车床电路实训单元板故障现象

故 障 序 号	故 障 点	故 障 描 述
1	(38,41)	全部电机均缺一相，所有控制回路失效
2	(49,50)	主轴电机缺一相
3	(52,53)	电机缺一相
4	(60,67)	M2、M3 电机缺一相，控制回路失效
5	(63,63)	冷却泵电机缺一相
6	(75,76)	冷却泵电机缺一相
7	(78,79)	刀架快速移动电机缺一相
8	(84,85)	刀架快速移动电机缺一相

续表

故障序号	故障点	故障描述
9	(2,5)	照明正常，其他控制回路失效
10	(4,28)	控制回路失效
11	(8,9)	指示灯亮，其他控制均失效
12	(15,16)	主轴电机不能启动
13	(17,22)	除刀架快速移动控制外其他控制失效
14	(20,21)	刀架快速移动电机不启动，刀架快速移动失效
15	(22,28)	机床控制均失效
16	(26,27)	主轴电动机启动，冷却泵控制失效，QS2失效

16个故障点分配可参考带故障点的电路原理图如图6-14所示。

6.1.5 项目评价

对项目完成情况进行评价，具体评价规则见表6-6。

表6-6 CA6140车床排故项目评价表

序号	内容	评分标准	扣分点	得分
1	安全操作规范 （15分）	（1）不穿绝缘鞋、不戴安全帽（扣1分） （2）带电使用电阻法进行故障点检测 （3）由于操作不当出现短路跳闸、熔断器烧断现象（扣3分） （4）带电测试造成万用表损坏（扣5分） （5）用手触摸任何金属触点（扣1分） （6）带电操作，出现触电事故（扣5分） （7）当教师发现有重大隐患时并及时制止（扣2分）		
2	第一个故障点 （25分）	（8）每错输入一次故障点（扣5分） （9）没有排除该故障点（扣20分）		
3	第二个故障点 （25分）	（10）每错输入一次故障点（扣5分） （11）没有排除该故障点（扣20分）		
4	第三个故障点 （25分）	（12）每错输入一次故障点（扣5分） （13）没有排除该故障点（扣20分）		
5	维修工作票 填写（10分）	（14）故障现象描述每错一处（扣2分） （15）故障现象描述每空一处（扣2分） （16）故障排除过程描述不完整（扣2分） （17）故障排除过程描述错误（扣2分） （18）故障点描述每错一处（扣2分） （19）故障点描述每空一处（扣2分）		

电机与电力拖动项目教程

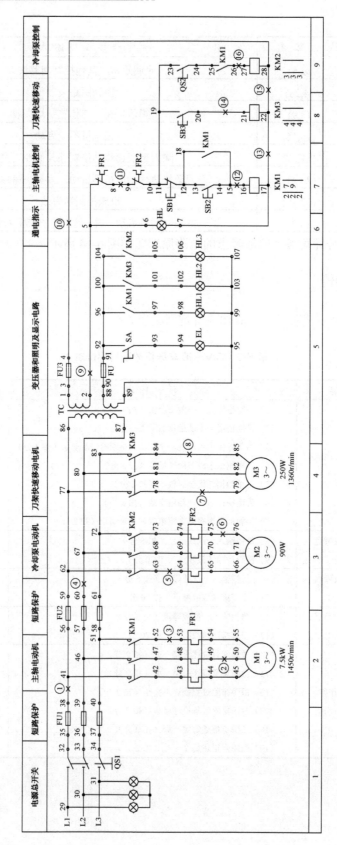

图 6-14 CA6140 车床电气原理图（含故障点）

6.2 X62W万能铣床控制电路

6.2.1 项目目标

【知识目标】

1. 学会识图并理解 X62W 万能铣床电气控制原理图。
2. 掌握 X62W 万能铣床电路的工作原理，并会分析电路。
3. 熟悉 X62W 铣床仿真电路板上的设备和元件布局。
4. 掌握机床故障排除方法和步骤。

【技能目标】

1. 能够根据 X62W 铣床电气控制电路原理图进行仿真接线和调试运行。
2. 能够熟练在铣床电路板上进行操作。
3. 能够根据故障现象查找故障点，在电路板上排除故障，恢复铣床电路正常功能。

6.2.2 项目分析

铣床是一种通用的多用途机床，可采用圆柱铣刀、锯片铣刀、成型铣刀及断面铣刀等刀具对各种零件进行平面、斜面、螺旋面及成型表面的加工，还可以加装万能铣头和回转工作台来扩大加工范围。X62W 是万能铣床的一种，主轴与工作台平行，为卧式万能铣床。识读 X62W 铣床控制电路并掌握常见铣床故障的维修是电气操作人员必须懂得的知识和应该掌握的技能。本项目的学习和训练旨在使同学们掌握和具备基本的识图和排故检修的能力。

本项目以 X62W 的电气控制电路为核心，采用仿真实训一体化教学模式，在识读 X62W 铣床电气原理图的基础上，独立完成仿真软件上模拟连线实训。根据企业设备维修实际情况，以工作票的形式给定任务，分析铣床电气控制电路工作过程，根据故障现象，排除 X62W 铣床电气控制电路板中的故障，并按要求填写维修工作票，在完成工作任务过程中，请严格遵守电气维修的安全操作规程。

6.2.3 信息收集

一、认识 X62W 万能铣床

1. X62W 万能铣床主要结构

X62W 万能铣床主要实现对零件的平面、斜面、螺旋面及成型边面的加工。X62W 万能铣床主要由床身、主轴、悬梁、刀杆支架、回转盘、工作台、横溜板、升降台、底座等部分组成。结构如图 6-15 所示。

图 6-15　X62W 外形结构

2. X62W 万能铣床的运动形式

① 主体运动。主轴带动铣刀的旋转运动。

② 进给运动。铣床工作台的上下、前后、左右 6 个方向的运动。

③ 辅助运动。铣床的工作台在三个相互垂直方向的快速直线运动，工作台回转运动。

3. X62W 万能铣床的控制特点和要求

① 铣床主轴电动机与进给电动机可实现正、反转，以适应顺、逆的工艺要求，并设有两个电动机的变速冲动功能控制线路。

② 为保证准确停车和装卸刀方便，主轴控制电路设置有电磁制动器。

③ 进给传动链中装有电磁离合器，用以实现工作台快速移动与正常进给速度、方向的切换。

④ 电气控制有完善的电气联锁装置，以保证设备的使用有可靠的安全性。

⑤ 设有两套操纵按钮盒，能实现两地操纵控制。

二、电路图识读与分析

1. X62W 铣床的电路结构

X62W 铣床原理图如图 6-16 所示，包括主电路和控制电路两部分。主电路为电动机运行提供电源，控制电路包含电动机控制回路、照明及信号等电路。

在识别电气原理图时，首先看图名，确认设备；其次看主电路，一般图框上方标有功能注释，方便分析原理图，下方也会标有数字如"1、2、3……"，注明原理图的区域编号，便于检索。

1. 电路结构与原理分析

（1）主轴电动机的控制

控制线路的启动按钮 SB1 和 SB2 是异地控制按钮，方便操作。SB3 和 SB4 是停止按钮。KM3 是主轴电动机 M1 的启动接触器，KM2 是主轴反接制动接触器，SQ7 是主轴变速冲动控制开关，KS 是速度继电器。

① 主轴电动机的启动。启动前先合上电源开关 QS，再把主轴转换开关 SA5 扳到所需要的旋转方向，然后按启动按钮 SB1（或 SB2），接触器 KM3 获电动作，其主触点闭合，

主轴电动机 M1 启动。

② 主轴电动机的停车制动。当铣削完毕，需要主轴电动机 M1 停车，此时电动机 M1 运转速度在 120r/min 以上时，速度继电器 KS 的常开触点闭合（9 区或 10 区），为停车制动作好准备。当要 M1 停车时，就按下停止按钮 SB3（或 SB4），KM3 断电释放，由于 KM3 主触点断开，电动机 M1 断电作惯性运转，紧接着接触器 KM2 线圈获电吸合，电动机 M1 串电阻 R 反接制动。当转速降至 120r/min 以下时，速度继电器 KS 常开触点断开，接触器 KM2 断电释放，停车反接制动结束。

③ 主轴的冲动控制。当需要主轴冲动时，按下冲动开关 SQ7，SQ7 的常闭触点 SQ7-2 先断开，而后常开触点 SQ7-1 闭合，使接触器 KM2 通电吸合，电动机 M1 启动，冲动完成。

（2）工作台进给电动机控制

转换开关 SA1 是控制圆工作台的，在不需要圆工作台运动时，转换开关扳到"断开"位置，此时 SA1-1 闭合，SA1-2 断开，SA1-3 闭合；当需要圆工作台运动时，将转换开关扳到"接通"位置，则 SA1-1 断开，SA1-2 闭合，SA1-3 断开。

① 工作台纵向进给。工作台的左右（纵向）运动是由装在床身两侧的转换开关跟开关 SQ1、SQ2 来完成，需要进给时把转换开关扳到"纵向"位置，按下开关 SQ1，常开触点 SQ1-1 闭合，常闭触点 SQ1-2 断开，接触器 KM4 通电吸合，电动机 M2 正转，工作台向右运动；当工作台要向左运动时，按下开关 SQ2，常开触点 SQ2-1 闭合，常闭触点 SQ2-2 断开，接触器 KM5 通电吸合，电动机 M2 反转，工作台向左运动。在工作台上设置有一块挡铁，两边各设置有一个行程开关，当工作台纵向运动到极限位置时，挡铁撞到位置开关，工作台停止运动，从而实现纵向运动的终端保护。

② 工作台升降和横向（前后）进给。由于 YL-156 系列铣床电气控制板无机械机构不能完成复杂的机械传动，方向进给只能通过操纵装在床身两侧的转换开关跟开关 SQ3、SQ4 来完成工作台上下和前后运动。在工作台上也分别设置有一块挡铁，两边各设置有一个行程开关，当工作台升降和横向运动到极限位置时，挡铁撞到位置开关，工作台停止运动，从而实现纵向运动的终端保护。

③ 工作台向上（下）运动。在主轴电机启动后，把装在床身一侧的转换开关扳到"升降"位置，再按下按钮 SQ3（SQ4），SQ3（SQ4）常开触点闭合，SQ3（SQ4）常闭触点断开，接触器 KM4（KM5）通电吸合，电动机 M2 正（反）转，工作台向下（上）运动。到达想要的位置时松开按钮，工作台停止运动。

④ 工作台向前（后）运动。在主轴电机启动后，把装在床身一侧的转换开关扳到"横向"位置，再按下按钮 SQ3（SQ4），SQ3（SQ4）常开触点闭合，SQ3（SQ4）常闭触点断开，接触器 KM4（KM5）通电吸合，电动机 M2 正（反）转，工作台向前（后）运动。到达想要的位置时松开按钮，工作台停止运动。

控制手柄位置与工作台运动方向的关系如表 6-7 所示。

表 6-7　控制手柄位置与工作台运动方向的关系图

手柄位置	动作行程开关	动作接触器	M2 转向
向上	SQ4	KM5	反转
向下	SQ3	KM4	正转

续表

手柄位置	动作行程开关	动作接触器	M2 转向
向前	SQ3	KM4	正转
向后	SQ4	KM5	反转
中间			停转
向左	SQ2	KM5	反转
向右	SQ1	KM4	正转

（3）联锁问题

① 真实机床在上下前后四个方向进给时，又操作纵向控制这两个方向的进给，将造成机床重大事故，所以必须联锁保护。当上下前后四个方向进给时，若操作纵向任一方向，SQ1-2 或 SQ2-2 两个开关中的一个被压开，接触器 KM4（KM5）立刻失电，电动机 M2 停转，从而得到保护。

同理，当纵向操作时又操作某一方向而选择了向左或向右进给时，SQ1 或 SQ2 被压着，它们的常闭触点 SQ1-2 或 SQ2-2 是断开的，接触器 KM4 或 KM5 都由 SQ3-2 和 SQ4-2 接通。若发生误操作，而选择上、下、前、后某一方向的进给，就一定使 SQ3-2 或 SQ4-2 断开，使 KM4 或 KM5 断电释放，电动机 M2 停止运转，避免了机床事故。

② 进给冲动。真实机床为使齿轮进入良好的啮合状态，将变速盘向里推。在推进时，挡块压动位置开关 SQ6，首先使常闭触点 SQ6-2 断开，然后常开触点 SQ6-1 闭合，接触器 KM4 通电吸合，电动机 M2 启动。但它并未转起来，位置开关 SQ6 已复位，首先断开 SQ6-1，而后闭合 SQ6-2。接触器 KM4 失电，电动机失电停转。这样一来，使电动机接通一下电源，齿轮系统产生一次抖动，使齿轮啮合顺利进行。要冲动时按下冲动开关 SQ6，模拟冲动。

③ 工作台的快速移动。在工作台向某个方向运动时，按下按钮 SB5 或 SB6（两地控制），接触器闭合，KM6 通电吸合，它的常开触点（4 区）闭合，电磁铁 YB 通电（指示灯亮）模拟快速进给。

④ 圆工作台的控制。把圆工作台控制开关 SA1 扳到"接通"位置，此时 SA1-1 断开，SA1-2 接通，SA1-3 断开，主轴电动机启动后，圆工作台即开始工作，其控制电路是：电源—SQ4-2—SQ3-2—SQ1-2—SQ2-2—SA1-2—KM4 线圈—电源。接触器 KM4 通电吸合，电动机 M2 运转。

真实铣床为了扩大机床的加工能力，可在机床上安装附件圆工作台，这样可以进行圆弧或凸轮的铣削加工。拖动时，所有进给系统均停止工作，只让圆工作台绕轴心回转。该电动机带动一根专用轴，使圆工作台绕轴心回转，铣刀铣出圆弧。在圆工作台开动时，其余进给一律不准运动，若有误操作动了某个方向的进给，则必然会使开关 SQ1~SQ4 中的某一个常闭触点断开，使电动机停转，从而避免了机床事故的发生。按下主轴停止按钮 SB3 或 SB4，主轴停转，圆工作台也停转。

（4）冷却照明控制

要启动冷却泵时扳开关 SA3，接触器 KM1 通电吸合，电动机 M3 运转冷却泵启动。机床照明是由变压器 T 供给 36V 电压，工作灯由 SA4 控制。

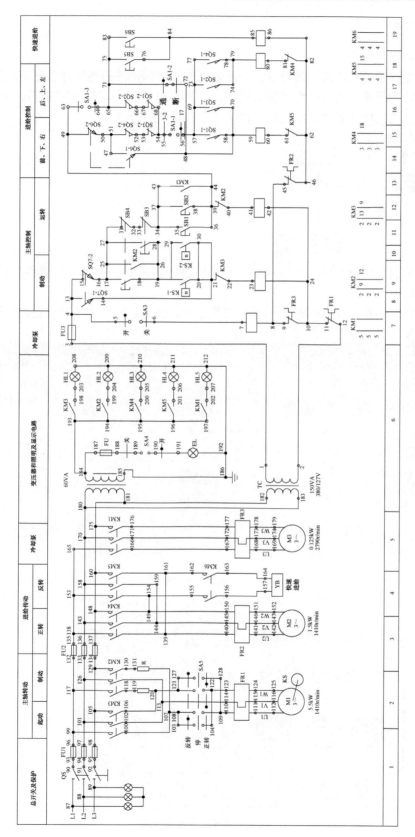

图 6-16 X62W 铣床电路原理图

131

6.2.4 项目实施

一、电路连接仿真实训

由于铣床电路比较复杂，实际接线全部完成需要很长时间，线路连接容易出错，检查线路过程繁琐，较为困难，为有效利用课堂时间，达到实训目标，本项目电路连接采用辽宁省职业教育教学信息化资源建设项目的维修电工实训系统进行仿真实训。

1．仿真实训步骤

① 单击  进入界面 。

② 单击 选择 铣床X62W 。

③ 可利用仿真软件进行实物原理图对照、壁龛接线、外部接线、仿真运行等模拟操作。

2．仿真实训练习

① 参照原理图 6-16 进行 X62W 铣床壁龛仿真接线，接线过程中会有接线正确和错误提示，铣床壁龛配电盘仿真接线图如图 6-17 所示。

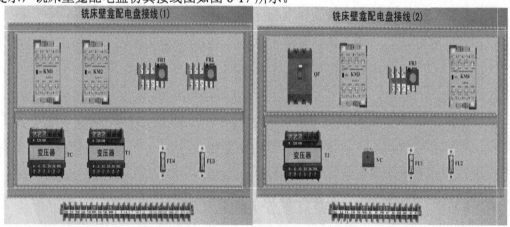

图 6-17　铣床壁龛配电盘仿真接线图

② 参照控制电路部分原理图 6-16 进行 X62W 铣床外部仿真接线，如图 6-18 所示。

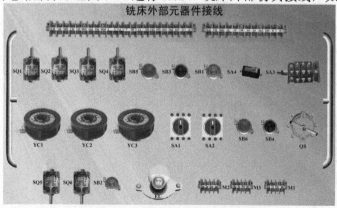

图 6-18　铣床外部元件仿真接线图

3. 仿真运行

完成仿真接线后,按照操作提示在仿真软件中进行模拟运行。

4. 仿真评价

将仿真接线记录在表 6-8 中,并进行评价。

表 6-8　仿真接线记录表

学　号	姓　名	壁龛接线用时	外部接线用时	累计错误次数	仿真总分

二、X62W 铣床电路调试与运行

1. 认识 X62W 铣床电路板

X62W 铣床控制电路板如图 6-19 所示,电路板与电机连接图如图 6-20 所示,组成元器件列表见表 6-9。

图 6-19　X62W 铣床控制电路板

图 6-20　电路板与电机连接图

表 6-9　电路板组成元器件列表

名　称	符　号	型号/规格	数　量	单　位	作　用
低压断路器	QF	Z47LE-32	1	个	接通或切断电源
熔断器	FU	T18-32	2	组	主电路短路保护
熔断器	FU	R14-20	2	个	控制及照明电路短路保护
交流接触器	KM	J20-10	3	个	控制交流电动机
控制变压器	TC	BK-100	1	个	提供不同规格电压
热继电器	FR	R36-20	2	个	为 M1 和 M2 提供过载保护

续表

名　称	符　号	型号/规格	数　量	单　位	作　用
按钮	SB		6	个	控制电路
转换开关	SA		4	个	照明指示灯控制开关
指示灯	HL		7	个	照明信号及运行指示
行程开关	SQ		6	个	控制运动方向

请同学根据元件清单对应控制电路板找到实物位置，并完成清单列表。

2. X62W 铣床调试与运行

X62W 铣床调试时可采用电动机模块进行试车。电机模块如图 6-21 所示，该模块包括三台三相异步电动机，即单速电机 M1（YS5024W、60W、0.33A、1400r/min）、单速带离心开关电机 M2（YS5024W、60W、0.33A、1400r/min）、双速电机 M3（YS502-4、40/25W、0.25A/0.20A、2800r/min/1400r/min）。

图 6-21　电机模块

调试步骤如下。

① 连接 X62W 铣床实训单元电路板和电机模块，如图 6-20 所示。电机 M1 星形连接，电机 M2 星形连接，电机 M3 为双速电机（内部已接好）。

⚠ 注意：电机连接方式必须保证连接正确，不可重复连接，避免短路！

② 引入三相五线电源。按颜色黄、绿、红、蓝、黑分别接入 L1、L2、L3、N 和 PE 线。确认线路连接正确无误，通电试车。

⚠ 注意：必须在老师现场监护下进行通电试车！

③ 按原理图调试 X62W 各部分电路功能，观察电机转动情况和接触器 KM 吸合情况以及指示灯变化。并记录实际运行情况，完成表 6-10。

表 6-10　X62W 实际运行情况记录表

操　作	KM 线圈及触点变化	运行情况及现象
合上电源开关 QS		接通三相电源
将转换开关 SA5 拨至正转方向，按下 SB1	KM3 线圈通电，KM 主触点闭合，动合辅助触点闭合	主轴电动机 M1 启动，主轴启动指示灯 HL1 亮

3. X62W 铣床电路故障排除

在熟悉了 X62W 铣床控制电路的原理图，完成了仿真实训练习，以及对 X62W 铣床控制电路板进行运行和调试后，在 YL-156A 实训考核装置中完成铣床故障的排除。故障点已由答题器上的单片机设置好，并通过排线提前预置在控制电路板内，共有 16 个故障点可供随意组合。

（1）X62W 铣床电路故障排除步骤

① 通电运行观察故障现象，进行故障分析。

合上 QS，将 SA1 扳至断开挡位，操纵手柄向上或向后，压下行程开关 SQ4，KM5 吸合，但工作台无法实现向上或向后运动。

根据故障现象初步判断控制电路无故障，进给反向传动主电路部分可能存在断路，需进一步检测，确定故障点，如图 6-22 所示。

图 6-22　观察故障现象

② 断开电源，挂警示牌，如图 6-23 所示。一人负责监护，一人检测故障。

③ 采用电阻法查找故障点。如图 6-24 所示，确认设备已断电，将万用表固定在挂板右侧，挡位开关选择至欧姆挡×10 挡，调零完毕后，参照原理图如图 6-25 所示，进一步检测 KM5 出线端至 FR2 进线端、FR2 出线端至 M2 间通断情况，即（139,161）、（144,159）、（149,154）、（139,142）、（144,147）、（149,152）。最终测得（144,159）断路。

图 6-23　警示牌

图 6-24　电阻法检测

📢 故障排除过程必须由两人协助完成，排故时确保设备不带电。

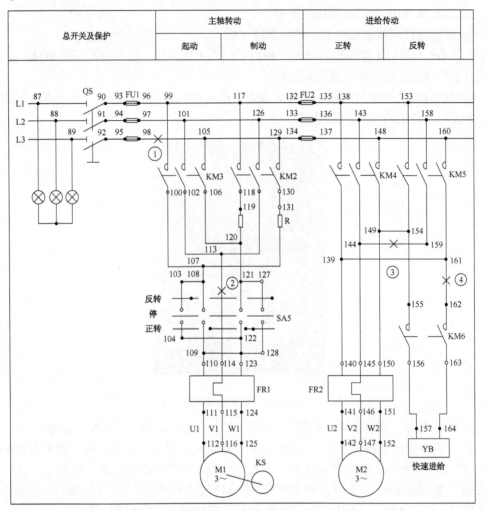

图 6-25 X62W 铣床电路（主轴部分）

④ 排除其他故障。输入故障点（144,159），输入点正确，故障点数减 1。显示为 0 后，单击"下一题"，如图 6-26（a）和图 6-26（b）所示。步骤同前。

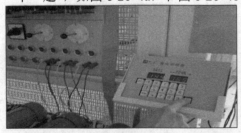
（a）输入故障点

（b）故障排除

图 6-26 排除其他故障

⑤ 通电试车。X62W 铣床电气控制原理图（含故障点）见图 6-27。故障全部检测完毕后，摘除警示牌，合上 QS，通电检测电路功能是否恢复正常。运行正常后，恢复初始状态，

断开电源总开关。

　　 注意：上电、下电顺序要正确！ 上电时先"总"后"分"，下电时先"分"后"总"。

（2）填写工作票即铣床维修报告。

　　根据上述事例，对故障现象、故障检测和排除过程以及故障点描述进行简要说明，能够清晰明确，要求字迹工整，如实填写表 6-11 和表 6-12。

表 6-11　X62W 铣床维修工作票

工作票编号 N0：　　　　　DQWX

发单日期：　　年　　月　　日

工 位 号			
工作任务	根据《X62W 铣床电气控制电路原理图》完成电气线路故障检测与排除		
工作时间	自　　年　月　日　时　　分 至　　年　月　日　时　　分		
工作条件	检测及排故过程＿＿＿＿；观察故障现象和排除故障后试机＿＿＿＿		
工作许可人签名			
维 修 要 求	1. 在工作许可人签名后方可进行检修 2. 对电气线路进行检测，确定线路的故障点并排除 3. 严格遵守电工操作安全规程 4. 不得擅自改变原线路接线，不得更改电路和元件位置 5. 完成检修后能使该铣床电路正常工作		
维修时的 安全措施			
故障现象 描述 .			
故障检测 和排除 过程			
故障点 描述			

　　注：选手在"工位号"栏填写自己的工位号，裁判在"工作许可人签名"栏签名。

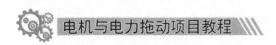

表 6-12 X62W 铣床电路实训单元板可设置故障点及故障现象

故障序号	故障点	故障描述
1	(98,105)	所有电机都不转，控制电路全部失效
2	(113,114)	主轴电动机正反转均缺一相
3	(144,159)	进给电动机反转缺一相
4	(161,162)	快速进给电磁铁不能动作
5	(170,180)	照明灯不亮，控制电路失效
6	(181,182)	控制回路失效
7	(184,187)	照明灯不亮
8	(2,12)	控制电路失效
9	(1,3)	控制电路失效
10	(22,23)	主轴电动机制动失效
11	(40,41)	主轴电动机不能启动
12	(24,42)	主轴电动机不能启动
13	(42,45)	工作台进给控制失效
14	(60,61)	工作台向下、向右、向前进给控制失效
15	(80,81)	工作台向上、向左、向后进给控制失效
16	(82,86)	两处快速进给全部失效

6.2.5 项目评价

对项目完成情况进行评价，具体评价规则见表 6-13。

表 6-13 X62W 铣床排故项目评价表

序 号	内 容	评 分 标 准	扣分点	得 分
1	安全操作规范 （15 分）	（1）不穿绝缘鞋、不戴安全帽（扣 1 分） （2）带电使用电阻法进行故障点检测（扣 3 分） （3）由于操作不当出现短路跳闸、熔断器烧断现象（扣 3 分） （4）带电测试造成万用表损坏（扣 5 分） （5）用手触摸任何金属触点（扣 1 分） （6）带电操作，出现触电事故（扣 5 分） （7）当教师发现有重大隐患时并及时制止（扣 2 分）		
2	第一个故障点 （25 分）	（8）每错输入一次故障点（扣 5 分） （9）没有排除该故障点（扣 20 分）		
3	第二个故障点 （25 分）	（10）每错输入一次故障点（扣 5 分） （11）没有排除该故障点（扣 20 分）		
4	第三个故障点 （25 分）	（12）每错输入一次故障点（扣 5 分） （13）没有排除该故障点（扣 20 分）		
5	维修工作票 填写（10 分）	（14）故障现象描述每错一处（扣 2 分） （15）故障现象描述每空一处（扣 2 分） （16）故障排除过程描述不完整（扣 2 分） （17）故障排除过程描述错误（扣 2 分） （18）故障点描述每错一处（扣 2 分） （19）故障点描述每空一处（扣 2 分）		

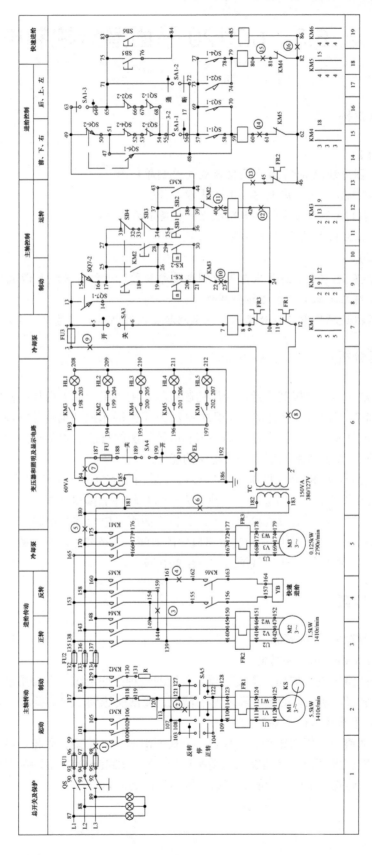

图 6-27 X62W 铣床电气控制原理图（含故障点）

6.3　M7120 平面磨床控制电路

6.3.1　项目目标

【知识目标】

1. 学会识图并理解 M7120 平面磨床电气控制原理图。
2. 掌握 M7120 平面磨床电路的工作原理，并会分析电路。
3. 熟悉 M7120 平面磨床仿真电路板上的设备和元件布局。
4. 掌握机床故障排除方法和步骤。

【技能目标】

1. 能够根据 M7120 平面磨床电气控制电路原理图进行仿真接线和调试运行。
2. 能够熟练在车床电路板上进行操作。
3. 能够根据故障现象查找故障点，在电路板上排除故障，恢复磨床电路正常功能。

6.3.2　项目分析

平面磨床是一种使用极其广泛的金属切削机床，主要用于加工内外圆柱面、断面、圆锥面，还可以车削螺纹和进行孔加工。识读 M7120 平面磨床控制电路并掌握常见平面磨床故障的维修是电气操作人员必须懂得的知识和应该掌握的技能。本项目的学习和训练旨在使同学们掌握和具备基本的识图和排故检修的能力。

本项目以 M7120 的电气控制电路为核心，采用仿真实训一体化教学模式，在识读 M7120 平面磨床电气原理图的基础上，独立完成仿真软件上模拟连线实训。根据企业设备维修实际情况，以工作票的形式给定任务，分析平面磨床电气控制电路工作过程，根据故障现象排除 M7120 平面磨床电气控制电路板中的故障，并按要求填写维修工作票，在完成工作任务过程中，请严格遵守电气维修的安全操作规程。

6.3.3　信息收集

一、认识 M7120 平面磨床

1. M7120 平面磨床主要功能

M7120 平面磨床是机械加工中使用较为普遍的一种平面磨床，主要用砂轮对金属工件表面进行磨削加工，使工件的形状和表面的精度、光洁度达到一定的要求。

2. M7120 平面磨床的主要结构

M7120 平面磨床主要由床身、工作台、立柱、滑座、砂轮架、砂轮、电磁吸盘等部分组成。结构如图 6-28 所示。平面磨床的切削运动包括主轴旋转的主运动和刀架的直线进给运动。可以进行外圆、平面、内孔、螺纹、锥体等的磨削。

图 6-28 M7120 平面磨床结构图

3. M7120 平面磨床的运动形式

① 主运动。砂轮的高速旋转运动。

② 进给运动。工作台的纵向往复运动、砂轮的横向和垂直运动。

③ 辅助运动。工件的夹紧、放松和冷却，工作台的快速进给运动。

二、电路图识读与分析

1. M7120 平面磨床的电路结构

M7120 平面磨床原理图如图 6-29 所示，包括主电路和控制电路两部分。主电路为电动机运行提供电源，控制电路包括电动机控制回路、照明及信号等电路。

在识别电气原理图时，首先看图名，确认设备；其次看主电路，一般图框上方标有功能注释，方便分析原理图，下方也会标有数字如"1、2、3……"，注明原理图的区域编号，便于检索。

2. 电路结构与原理分析

M7120 型平面磨床的电气控制线路可分为主电路、控制电路、电磁工作台控制电路及照明与指示灯电路四部分。

（1）主电路分析

主电路中共有四台电动机，其中 M1 是液压泵电动机，实现工作台的往复运动；M2 是砂轮电动机，带动砂轮转动来完成磨削加工工件；M3 是冷却泵电动机；它们只要求单向旋转，分别用接触器 KM1、KM2 控制。冷却泵电机 M3 只是在砂轮电机 M2 运转后才能运转。M4 是砂轮升降电动机，用于磨削过程中调整砂轮和工件之间的位置。

M1、M2、M3 是长期工作的，所以都装有过载保护。M4 是短期工作的，不设过载保护。四台电动机共用一组熔断器 FU1 作短路保护。

（2）控制电路分析

① 液压泵电动机 M1 的控制。

合上总开关 QS1 后，整流变压器一个副边输出 130V 交流电压，经桥式整流器 VC 整流后得到直流电压，使电压继电器 KA 获电动作，其常开触点（7 区）闭合，为启动电机做好准备。如果 KA 不能可靠动作，各电机均无法运行。因为平面磨床的工件靠直流电磁吸盘的吸力将工件吸牢在工作台上，只有具备可靠的直流电压后，才允许启动砂轮和液压系统，以保证安全。

当 KA 吸合后，按下启动按钮 SB3，接触器 KM1 通电吸合并自锁，工作台电机 M1 启动运转，HL2 灯亮。若按下停止按钮 SB2，接触器 KM1 线圈断电释放，电动机 M1 断电停转。

② 砂轮电动机 M2 及冷却泵电机 M3 的控制。

按下启动按钮 SB5，接触器 KM2 线圈获电动作，砂轮电动机 M2 启动运转。由于冷却泵电动机 M3 与 M2 联动控制，所以 M3 与 M2 同时启动运转。按下停止按钮 SB4 时，接触器 KM3 线圈断电释放，M2 与 M3 同时断电停转。

两台电动机的热断电器 FR2 和 FR3 的常闭触点都串联在 KM2 中，只要有一台电动机过载，就使 KM2 失电。因冷却液循环使用，经常混有污垢杂质，很容易引起电动机 M3 过载，故用热继电器 FR3 进行过载保护。

③ 砂轮升降电动机 M4 的控制。

砂轮升降电动机只有在调整工件和砂轮之间位置时使用，所以用点动控制。当按下点动按钮 SB6，接触器 KM3 线圈获电吸合，电动机 M4 启动正转，砂轮上升。到达所需位置时，松开 SB6，KM3 线圈断电释放，电动机 M4 停转，砂轮停止上升。

按下点动按钮 SB7，接触器 KM4 线圈获电吸合，电动机 M4 启动反转，砂轮下降。到达所需位置时，松开 SB7，KM4 线圈断电释放，电动机 M4 停转，砂轮停止下降。

为了防止电动机 M4 的正、反转线路同时接通，故在对方线路中串入接触器 KM4 和 KM3 的常闭触点，进行联锁控制。

（3）电磁吸盘控制电路分析

电磁吸盘是固定加工工件的一种夹具。利用通电导体在铁芯中产生的磁场吸牢铁磁材料的工件，以便加工。它与机械夹具比较，具有夹紧迅速，不损伤工件，一次能吸牢若干个小工件，以及工件发热可以自由伸缩等优点。因而电磁吸盘在平面磨床上用得十分广泛。

电磁吸盘的控制电路包括整流装置、控制装置和保护装置三个部分。

整流装置由变压器 TC 和单相桥式全波整流器 VC 组成，供给 120V 直流电源。

控制装置由按钮 SB8、SB9、SB10 和接触器 KM5、KM6 等组成。

充磁过程如下。

按下充磁按钮 SB8，接触器 KM5 线圈获电吸合，KM5 主触点（15、18 区）闭合，电磁吸盘 YH 线圈获电，工作台充磁吸住工件。同时其自锁触点闭合，联锁触点断开。

磨削加工完毕，在取下加工好的工件时，先按 SB9，切断电磁吸盘 YH 的直流电源，由于吸盘和工件都有剩磁，所以需要对吸盘和工件进行去磁。

去磁过程如下。

按下点动按钮 SB10，接触器 KM6 线圈获电吸合，KM6 的两副主触点（15、18 区）闭合，电磁吸盘通入反相直流电，使工作台和工件去磁。去磁时，为防止因时间过长使工作台反向磁化、再次吸住工件，因而接触器 KM6 采用点动控制。

保护装置由放电电阻 R 和电容 C 以及零压继电器 KA 组成。电阻 R 和电容 C 的作用是：电磁吸盘是一个大电感，在充磁吸工件时，存贮有大量磁场能量。在它脱离电源时的一瞬间，吸盘 YH 的两端产生较大的自感电动势，会使线圈和其他电器损坏，故用电阻和电容组成放电回路。利用电容 C 两端的电压不能突变的特点，使电磁吸盘线圈两端电压变化趋于缓慢，利用电阻 R 消耗电磁能量，如果参数选配得当，此时 RLC 电路可以组成一个衰减振荡电路，对去磁将是十分有利的。零压继电器 KA 的作用是：在加工过程中，若电源电压不足，则电磁吸盘将吸不牢工件，会导致工件被砂轮打出，造成严重事故，因此，在电路中设置了零压继电器 KA，将其线圈并联在直流电源上，其常开触点（7 区）串联在液压泵电机和砂轮电机的控制电路中，若电磁吸盘吸不牢工件，KA 就会释放，使液压泵电机和砂轮电机停转，保证了安全。

（4）照明和指示灯电路分析

图中 EL 为照明灯，其工作电压为 36V，由变压器 TC 供给。QS2 为照明开关。

HL1、HL2、HL3、HL4 和 HL5 为指示灯，其工作电压为 6.3V，也由变压器 TC 供给，五个指示灯的作用如下。

① HL1 亮，表示控制电路的电源正常；不亮，表示电源有故障。

② HL2 亮，表示工作台电动机 M1 处于运转状态，工作台正在进行往复运动；不亮，表示 M1 停转。

③ HL3、HL4 亮，表示砂轮电动机 M2 及冷却泵电动机 M3 处于运转状态；不亮，表示 M2、M3 停转。

④ HL5 亮，表示砂轮升降电动机 M4 处于上升工作状态，；不亮，表示 M4 停转。

⑤ HL6 亮，表示砂轮升降电动机 M4 处于下降工作状态，；不亮，表示 M4 停转。

⑥ HL6 亮，表示电磁吸盘 YH 处于工作状态（充磁和去磁）；不亮，表示电磁吸盘未工作。

6.3.4 项目实施

一、电路连接仿真实训

由于平面磨床电路比较复杂，实际接线全部完成需要很长时间，线路连接容易出错，检查线路过程繁琐、较为困难，为有效利用课堂时间，达到实训目标，本项目电路连接采用辽宁省职业教育教学信息化资源建设项目的维修电工实训系统进行仿真实训。

1. 仿真实训步骤

① 单击 进入界面 。

② 单击 选择 **磨床M7120**。

③ 可利用仿真软件进行实物原理图对照、壁龛接线、外部接线、仿真运行等模拟操作。

2. 仿真实训练习

① 参照原理图 6-29 进行 M7120 平面磨床壁龛仿真接线，接线过程中会有接线正确和错误提示。仿真接线图如图 6-30 所示。

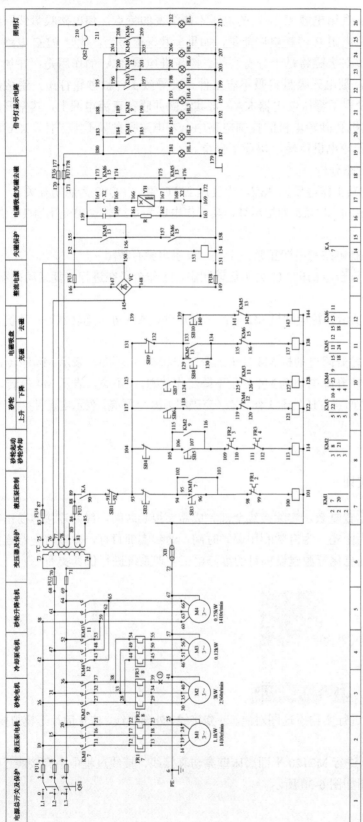

图 6-29 M7120 平面磨床电路原理图

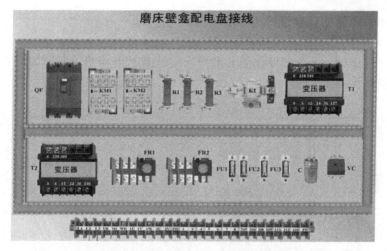

图 6-30　平面磨床壁龛配电盘仿真接线图

　　② 参照控制电路部分原理图 6-29 进行 M7120 平面磨床外部仿真接线。仿真接线图如图 6-31 所示。

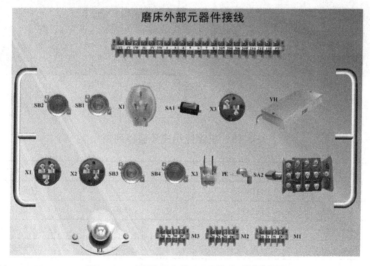

图 6-31　平面磨床外部元件仿真接线图

3. 仿真运行

完成仿真接线后，按照操作提示在仿真软件中进行模拟运行。

4. 仿真评价

将仿真接线记录在表 6-14 中，并进行评价。

表 6-14　仿真接线记录表

学　　号	姓　　名	壁龛接线用时	外部接线用时	累计错误次数	仿真总分

二、M7120 平面磨床电路调试与运行

1．认识 M7120 平面磨床电路板

M7120 平面磨床控制电路板如图 6-32 所示，电路板与电机连接图如图 6-33 所示，组成元器件列表见表 6-15。

图 6-32　M7120 平面磨床电路板　　　　图 6-33　电路板与电机连接图

表 6-15　电路板组成元器件列表

名　称	符　号	型号/规格	数　量	单　位	作　用
低压断路器	QF	Z47LE-32	1	个	接通或切断电源
熔断器	FU	T18-32	2	组	主电路短路保护
熔断器	FU	R14-20	2	个	控制及照明电路短路保护
交流接触器	KM	J20-10	6	个	控制交流电动机
控制变压器	TC	BK-100	1	个	提供不同规格电压
热继电器	FR	R36-20	3	个	为 M1 和 M2 提供过载保护
按钮	SB		10	个	控制电路
指示灯	HL		7	个	照明信号及运行指示
行程开关	SQ		1		
电磁铁	YH		1		吸盘充、去磁

请同学根据元件清单对应控制电路板找到实物位置，并完成清单列表。

2．M7120 平面磨床调试与运行

M7120 平面磨床调试时可采用电动机模块进行试车。电机模块如图 6-34 所示，该模块包括三台三相异步电动机，即单速电机 M1（YS5024W、60W、0.33A、1400r/min）、单速带离心开关电机 M2（YS5024W、60W、0.33A、1400r/min）、双速电机 M3（YS502-4、40/25W、0.25A/0.20A、2800r/min/1400r/min）。

图 6-34　电机模块

调试步骤如下。

（1）连接 M7120 平面磨床实训单元电路板和电机模块，如图 6-33 所示。

电机 M1 星形连接，电机 M2 星形连接，电机 M3 为双速电机（内部已接好）。

　注意：电机连接方式必须保证连接正确，不可重复连接，避免短路！

（2）引入三相五线电源。按颜色黄、绿、红、蓝、黑分别接入 L1、L2、L3、N 和 PE 线。

（3）确认线路连接正确无误，通电试车。

　注意：必须在老师现场监护下进行通电试车！

（4）按原理图调试 M7120 各部分电路功能，观察电机转动情况和接触器 KM 吸合情况以及指示灯变化。并记录实际运行情况，完成表 6-16。

表 6-16　M7120 实际运行情况记录

操　作	KM 线圈及触点变化	运行情况及现象
合上电源开关 QS	电压继电器 KA 吸合	接通三相电源
按下 SB3	KM1 线圈通电，KM1 主触点闭合，动合辅助触点闭合	液压泵电动机 M1 启动，主轴启动指示灯 HL2 亮

三、M7120 平面磨床电路故障排除

在熟悉了 M7120 平面磨床控制电路的原理图，完成了仿真实训练习，以及对 M7120 平面磨床控制电路板进行运行和调试后，在 YL-156A 实训考核装置中完成平面磨床故障的排除。故障点已由答题器上的单片机设置好，并通过排线提前预置在控制电路板内，共有 16 个故障点可供随意组合。

（1）M7120 故障排除步骤

① 通电运行观察故障现象，进行故障分析。

合上 QS，如按下 SB8，KM5 吸合，充、去磁指示灯 HL7 亮，KM5 吸合，但吸盘充磁不动作。其他功能正常，见图 6-35。根据故障现象，可见充磁控制回路存在故障，需进一步检测故障点。

断开电源，挂警示牌，如图 6-36 所示。一人负责监护，一人检测故障并确定故障点。

图 6-35　观察故障现象

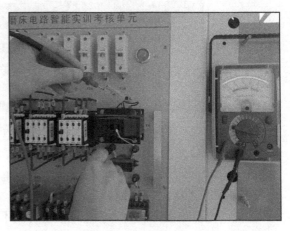

图 6-36　警示牌	图 6-37　电阻法检测

② 确认控制板已断电，采用电阻检测法查找故障点，如图 6-37 所示。即用万用表电阻挡检测指定电路路径的电阻值，若阻值趋近于 0，说明该段路径为通路，若阻值为∞，说明该段路径为断路。将万用表固定在挂板右侧，挡位开关选择至欧姆挡×10 挡，调零完毕后，参照原理图，进一步检测 156 至 175 范围内充磁控制回路上的通断情况，即（156,159）、（159,164）、（165,166）、（167,168）、（169,175）。最终测得（159,164）间断路。

✂ **注意：** 故障排除过程必须由两人协助完成，排故时确保设备不带电。

③ 排除其他故障。输入故障点（159,164），输入点正确，故障点数减 1。显示为 0 后，单击"下一题"，如图 6-38（a）和图 6-38（b）所示。具体操作步骤同前。

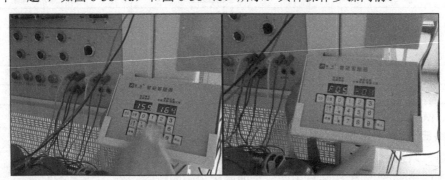

（a）输入故障点	（b）故障排除

图 6-38　排除故障

④ 通电试车。故障全部检测完毕后，摘除警示牌，合上 QS，通电检测电路功能是否恢复正常。运行正常后，恢复初始状态，断开电源总开关。

✂ **注意：** 上电、下电顺序要正确！ 上电时先"总"后"分"，下电时先"分"后"总"。

（2）填写工作票即平面磨床维修报告

根据上述事例对故障现象、故障检测和排除过程以及故障点描述进行简要说明，能够清晰明确，要求字迹工整，如实填写表 6-17 和表 6-18。

表6-17 维修工作票

工作票编号 N0：　　　　DQWX
发单日期：　　年　月　　日

工 位 号			
工作任务	根据《M7120磨床电气控制电路原理图》完成电气线路故障检测与排除		
工作时间	自　年　月　日　时　分 至　年　月　日　时　分		
工作条件	检测及排故过程_____；观察故障现象和排除故障后试机_____		
工作许可人签名			
维修要求	1．在工作许可人签名后方可进行检修 2．对电气线路进行检测，确定线路的故障点并排除 3．严格遵守电工操作安全规程 4．不得擅自改变原线路接线，不得更改电路和元件位置 5．完成检修后能使该磨床电路正常工作		
维修时的安全措施			
故障现象描述			
故障检测和排除过程			
故障点描述			

注：选手在"工位号"栏填写自己的工位号，裁判在"工作许可人签名栏签名。

表6-18 M7120平面磨床电路实训单元板故障现象

故 障 序 号	故 障 点	故 障 描 述
1	（16,17）	液压泵电动机缺一相
2	（37,38）	砂轮电动机、冷却泵电动机均缺一相
3	（39,41）	砂轮电动机缺一相
4	（48,62）	砂轮下降电动机缺一相
5	（61,68）	控制变压器缺一相，控制回路失效
6	（85,101）	控制回路失效
7	（99,100）	液压泵电动机无法启动
8	（87,150）	KA继电器不动作，所有电机无法启动，电磁吸盘失效
9	（120,121）	砂轮上升失效
10	（128,138）	电磁吸盘充磁、去磁均失效
11	（136,137）	电磁吸盘不能充磁
12	（142,143）	电磁吸盘不能去磁

故 障 序 号	故 障 点	故 障 描 述
13	(146,147)	整流电路中无直流电压输出，KA 继电器不动作
14	(77,170)	照明灯不亮
15	(159,164)	电磁吸盘不能充磁
16	(174,175)	电磁吸盘不能去磁

16 个故障点分配可参考带故障点的电路原理图，如图 6-39 所示。

6.3.5 项目评价

对项目完成情况进行评价，具体评价规则见表 6-19。

表 6-19 M7120 平面磨床排故项目评价表

序 号	内 容	评 分 标 准	扣分点	得 分
1	安全操作规范 （15 分）	（1）不穿绝缘鞋、不戴安全帽（扣 1 分） （2）带电使用电阻法进行故障点检测（扣 2 分） （3）由于操作不当出现短路跳闸、熔断器烧毁现象（扣 3 分） （4）带电测试造成万用表损坏（扣 5 分） （5）用手触摸任何金属触点（扣 1 分） （6）带电操作，出现触电事故（扣 5 分） （7）当教师发现有重大隐患时未及时制止（扣 2 分）		
2	第一个故障点 （25 分）	（8）每错输入一次故障点（扣 5 分） （9）没有排除该故障点（扣 20 分）		
3	第二个故障点 （25 分）	（10）每错输入一次故障点（扣 5 分） （11）没有排除该故障点（扣 20 分）		
4	第三个故障点 （25 分）	（12）每错输入一次故障点（扣 5 分） （13）没有排除该故障点（扣 20 分）		
5	维修工作票 填写（10 分）	（14）故障现象描述每错一处（扣 2 分） （15）故障现象描述每空一处（扣 2 分） （16）故障排除过程描述不完整（扣 2 分） （17）故障排除过程描述错误（扣 2 分） （18）故障点描述每错一处（扣 2 分） （19）故障点描述每空一处（扣 2 分）		

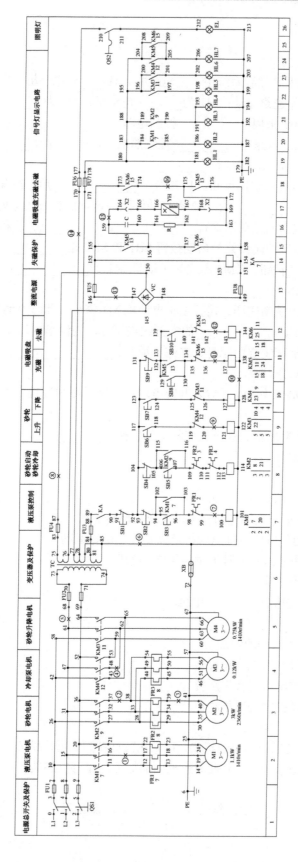

图 6-39 M7120 平面磨床电气原理图（含故障点）

课后习题

一、填空题

1. CA6140 车床电气控制系统中，主电路中共有____台电动机；M1 为____电动机，带动主轴旋转和刀架作进给运动；M2 为_____电动机；M3 为_____电动机。

2. 车床的主轴电机采用_____控制电路

3. 车床照明及显示电路中_____控制照明灯，HL1 显示_____ ，HL2 显示_____ ，HL3 显示_____。

4. 由 CA6140 电气原理图可知，只有当_____后，冷却泵电机 M2 才有可能启动，当时_____时，M2 也自动停止。这种控制方式称为_____。

5. X62W 万能铣床的运动形式有_____、_____和_____。

6. X62W 万能铣床控制线路的启动按钮 SB1 和 SB2 是_____按钮，方便操作。SB3 和 SB4 是_____按钮。KM3 是主轴电动机 M1 的_____接触器，KM2 是主轴_____接触器，KS 是_____。

7. 当 X62W 铣床铣削完毕，需要主轴电动机 M1 停车，此时电动机 M1 运转速度在_____以上时，_____的常开触点闭合，为停车制动作好准备。

8. M7120 平面磨床主要由床身、立柱、滑座、_____、_____、砂轮架和_____等部分组成。

9. M7120 平面磨床中 M4 是砂轮升降电动机，用于磨削过程中调整_____之间的位置。

10. M7120 平面磨床电磁吸盘的控制电路包括_____、_____和_____三个部分。

二、选择题

1. 下列说法正确的是（　　）。
   - A．CA6140 车床主轴电动机可以实现正反转运动
   - B．X62W 万能铣床主轴电动机可以实现正反转运动
   - C．机床照明是由变压器 T 供给 127V 电压。
   - D．以上均不正确

2. X62W 万能铣床有（　　）电机。
   - A．一台 　　　　B．二台 　　　　C．三台 　　　　D．四台

3. 车床控制，不正确的说法（　　）。
   - A．主运动控制可能有正反转
   - B．冷却泵控制可能有正反转
   - C．快速移动控制采用长动控制
   - D．以上均不正确

4. 铣床是一种通用的多用途机床，可采用圆柱铣刀、锯片铣刀、成型铣刀及断面铣刀等刀具对各种零件进行（　　）及成形表面的加工，还可以加装万能铣头和回转工作台来扩大加工范围。
   - A．平面 　　　　B．斜面 　　　　C．螺旋面 　　　　D．以上皆是

5．若 CA6140 车床控制电路中主轴接触器 KM1 吸合，但电机缺一相，以下哪些现象不可能出现（　　）。

A．主轴电机不能运转，手动旋转可启动

B．主轴电机能运转但发出嗡嗡响声

C．主轴电机能运转但输出转矩特别小

D．主轴运转指示灯不亮

6．在 CA6140 车床控制电路中，除照明电路以外，其余控制都失效，其故障可能发生在（　　）。

A．变压器 TC 一次侧不得电

B．变压器 TC 二次侧开路

C．冷却泵电机和刀架快速移动电机控制电路公共支路开路

D．以上均不正确

7．在 X62W 铣床控制电路中，所有控制都失效，其故障可能是（　　）。

A．变压器 TC 一次侧不得电

B．变压器 TC 二次侧控制电路部分存在开路

C．变压器 TC 二次侧照明及显示电路部分存在开路

D．以上均不正确

8．在 X62W 铣床控制电路中，照明及显示电路不正常，其余控制都正常，其故障可能是（　　）。

A．变压器 TC 一次侧不得电

B．变压器 TC 二次侧控制电路部分存在开路

C．变压器 TC 二次侧照明及显示电路部分存在开路

D．以上均不正确

9．在 M7120 平面磨床控制电路中，充去磁不能动作，其余控制都正常，其故障可能是（　　）。

A．变压器 TC 一次侧不得电

B．变压器 TC 二次侧控制电路部分存在开路

C．变压器 TC 二次侧照明及显示电路部分存在开路

D．变压器 TC 二次侧充、去磁回路部分存在开路

10．在 M7120 平面磨床控制电路中，砂轮电机无法上升（KM4 不吸合），其余控制都正常，其故障可能是（　　）。

A．砂轮电机控制支路存在开路

B．砂轮电机上升部分主电路缺相

C．变压器 TC 二次侧控制电路部分存在开路

D．以上均不正确

三、判断题

1．X62W 主轴电动机为快速停车采用能耗制动。　　　　　　　　　　　　　　　　（　　）

2．M7120 平面磨床是机械加工中使用较为普遍的一种平面磨床，主要用砂轮对金属工件表面进行磨削加工，使工件的形状和表面的精度、光洁度达到一定的要求。　　（　　）

3．M7120 平面磨床不可以进行螺纹、锥体等的车削。（　　）

4．M7120 平面磨床中砂轮电机 M2 只是在冷却泵电机 M3 运转后才能运转。（　　）

5．电磁吸盘是固定加工工件的一种夹具。利用通电导体在铁芯中产生的磁场吸牢铁磁材料的工件，以便加工。（　　）

6．M7120 控制电路中如果 KA 不能可靠动作，各电机均无法运行。（　　）

7．如果铣床在上下前后四个方向进给时，又操作纵向控制这两个方向的进给，将造成机床重大事故，所以必须联锁保护。（　　）

8．X62W 机床电气控制系统设有两套操纵按钮盒，能实现两地操纵控制。（　　）

9．在机床排故过程中观察故障现象断电，检测故障及调试时上电。（　　）

10．在进行机床故障排除与检修时，若采用电阻法必须断电。（　　）

四、简答题

1．简述 CA6140 车床控制电路控制系统中各电机的控制方式。

2．为什么 CA6140 车床控制电路中刀架快速移动电机不采用过载保护？

3．如何识读机床电气控制原理图？

4．M7120 中 KA 的作用是什么？如果 KA 不动作，磨床是否能正常工作？会出现什么情况？

5．M7120 控制系统中砂轮电机在什么情况下过载停止？

6．X62W 万能铣床的控制特点和要求？

反侵权盗版声明

电子工业出版社依法对本作品享有专有出版权。任何未经权利人书面许可，复制、销售或通过信息网络传播本作品的行为；歪曲、篡改、剽窃本作品的行为，均违反《中华人民共和国著作权法》，其行为人应承担相应的民事责任和行政责任，构成犯罪的，将被依法追究刑事责任。

为了维护市场秩序，保护权利人的合法权益，我社将依法查处和打击侵权盗版的单位和个人。欢迎社会各界人士积极举报侵权盗版行为，本社将奖励举报有功人员，并保证举报人的信息不被泄露。

举报电话：（010）88254396；（010）88258888

传　　真：（010）88254397

E-mail：　dbqq@phei.com.cn

通信地址：北京市万寿路 173 信箱

　　　　　电子工业出版社总编办公室

邮　　编：100036